Antonio Zapata

MANEJO DE
AGUAS SUBTERRÁNEAS
MANUAL PRÁCTICO

Antonio Zapata

MANEJO DE AGUAS SUBTERRÁNEAS

MANUAL PRÁCTICO

MP

Impresión: Liberdigital (Casarrubuelos, Madrid)
ISBN: 9788419934017
Depósito legal: M-4435-2024

Impreso en España

ÍNDICE

ÍNDICE DE FIGURAS

ÍNDICE DE TABLAS

SÍMBOLOS

a	ascenso del nivel piezométrico (L)
CN	número de curva (adimensional)
d	descenso en el nivel piezométrico (L)
D	Diámetro (L)
D	drenaje (L)
E	escorrentía (L)
e	espesor (L)
ET	evapotranspiración (L)
F	infiltración acumulada (L)
f_s	Fracción de saturación (adimensional)
h	altura piezométrica (L)
H	espesor saturado de un acuífero (L)
Hpf	pérdida de carga en la pared de un pozo (L)
i	intensidad de lluvia (LT^{-1})
k	permeabilidad (LT^{-1})
kc	coeficiente de cultivo (adimensional)
L	Longitud (L)
Pe	precipitación en exceso (L)
Pp	precipitación (L)
Q	caudal (L^3T^{-1})
q	caudal específico = Q/L = (L^2T^{-1})
r	radio (L)
R	radio de influencia (L)
R	reserva del suelo (L)
S	coeficiente de almacenamiento (porosidad útil) (adimensional)
S_{ab}	abstracción inicial (L)
t	tiempo (T)
t'	tiempo de recuperación de un pozo (T)
Tr	transmisibilidad (L^2T^{-1})
u	variable de la función de pozo (adimensional)
v	velocidad (LT^{-1})
Vp	volumen de poros (L^3)
Vs	Volumen de sólidos del suelo (L^3)
Vt	Volumen total (L^3)

w   recarga (L)
x   distancia (L)
z   profundidad del suelo (L)
δa densidad aparente del suelo (adimensional)
δr densidad real del suelo (ML^{-3})
θ porosidad, humedad (adimensional)
φ Potencial total (L)
ω sección, superficie (L^2)
Ψ_g potencial gravitatorio (L)
Ψ_m potencial matricial (L)
Ψ_o potencial osmótico (L)
Ψ_p potencial de presión (L)
Ψ_v potencial de vapor (L)

CAPÍTULO 1
Propiedades de los materiales porosos

1.1. Introducción

El agua es la sustancia más abundante en la Tierra, es el principal constituyente de todos los seres vivos y es una fuerza importante que constantemente está cambiando la superficie terrestre. También es un factor clave en la climatización de nuestro planeta para la existencia humana y en la influencia en el progreso de la civilización.

Más del 70% de la superficie terrestre está ocupada por la hidrosfera. El agua de la hidrosfera está sometida a un continuo reciclado movido por la energía del Sol y considerado como un gran sistema de depuración natural.

La hidrología, que cubre todas las fases del agua en la Tierra, es una materia de gran importancia para el ser humano y su ambiente. Aplicaciones prácticas de la hidrología se encuentran en labores tales como diseño y operación de estructuras hidráulicas, abastecimiento de agua, tratamiento y disposición de aguas residuales, irrigación, drenaje, generación hidroeléctrica, control de inundaciones, navegación, erosión y control de sedimentos, control de salinidad, disminución de la contaminación, uso recreacional del agua y protección de la vida terrestre y acuática.

El papel de la hidrología aplicada es ayudar a analizar los problemas relacionados con estas labores y proveer una guía para el planeamiento y el manejo de los recursos hidráulicos.

El agua ha sido siempre el principal vehículo empleado por el hombre para la eliminación de los residuos generados por su actividad. El desarrollo económico descontrolado y el aumento de la población ha incrementado de tal manera el impacto del hombre sobre la hidrosfera que ha superado ampliamente su capacidad de autodepuración y ha traído como consecuencia la pérdida de calidad y, por lo tanto, la disminución del agua como recurso.

La contaminación del agua es, según la Ley de Aguas (1985), "la acción y el efecto de introducir materias o formas de energía o introducir condiciones en el agua que, de modo directo o indirecto, implique una alteración perjudicial de su calidad en relación con los usos posteriores o con su función ecológica". Para la OMS, el agua está contaminada cuando su composición es alterada de modo que no conserva las propiedades que le corresponden a su estado natural.

El hombre ha ido aumentando sus requerimientos de agua, hasta el punto de poner en peligro la supervivencia de los ecosistemas acuáticos, debido al aumento de la población y de la calidad de vida y a una mayor demanda en las actividades agrícolas, ganaderas e industriales.

Al incremento de consumo hay que añadir el problema de la contaminación del agua, que hace disminuir notablemente las cantidades disponibles de este recurso. Las soluciones planteadas hasta ahora (construcción de embalses, desviación de cauces, etc.,) suponen elevados costes económicos y medioambientales, por lo que deben plantearse nuevas soluciones que lleven a un uso racional y sostenible de este recurso básico.

Las nuevas soluciones deben ir encaminadas a aumentar la eficiencia en el uso del agua mediante reparto solidario del agua disponible, empleo de nuevas tecnologías que garanticen el reciclado y la reutilización del agua y un fomento del ahorro.

1.2. Los recursos hídricos

Desde el punto de vista del uso del agua por parte de la humanidad, los recursos utilizables son los que se pueden captar a partir de la lluvia, de la escorrentía superficial y de la escorrentía subterránea. En menor medida también pueden considerarse los procedentes de la desalación y de la regeneración de aguas residuales.

La hidrología de las aguas subterráneas es la subdivisión de la ciencia de la hidrología que se ocupa de la aparición, el movimiento y la calidad del agua bajo la superficie de la Tierra. Es interdisciplinar, ya que implica la aplicación de las ciencias físicas, biológicas y matemáticas. También es una ciencia cuya aplicación exitosa es de importancia crítica para el bienestar de la humanidad. Dado que la hidrología de las aguas subterráneas se ocupa de la ocurrencia y el movimiento del agua en un entorno subterráneo extremadamente complejo es, en su estado más avanzado, una de las más complejas de las ciencias.

Como se muestra en la figura 1-1, el agua subterránea proviene, en última instancia de la precipitación. Algunas masas de agua pueden eventualmente quedar aisladas de la circulación general durante un tiempo, pero en su día estuvieron unidas al ciclo general y su origen es el mismo.

Según el *Libro blanco del agua en España* (2000), el volumen de recursos disponible en España es de 110.116 hm³/año. De esta cantidad, se podrían aprovechar unos 16.000 hm³ sin necesidad de almacenamiento. Si tenemos en cuenta los embalses construidos, se pueden aprovechar hasta unos 39.000 hm³.

Desgraciadamente, en muchos lugares no es posible disponer de agua superficial por lo que resulta imprescindible la captación de aguas subterráneas. Se estima en 5.500 hm³ las extracciones actuales, lo que indica su importancia y más si se tiene en cuenta que se concentran en áreas en donde no hay suficientes recursos superficiales. Este hecho, unido a la peculiaridad de que las aguas subterráneas suelen ser de promoción privada y,

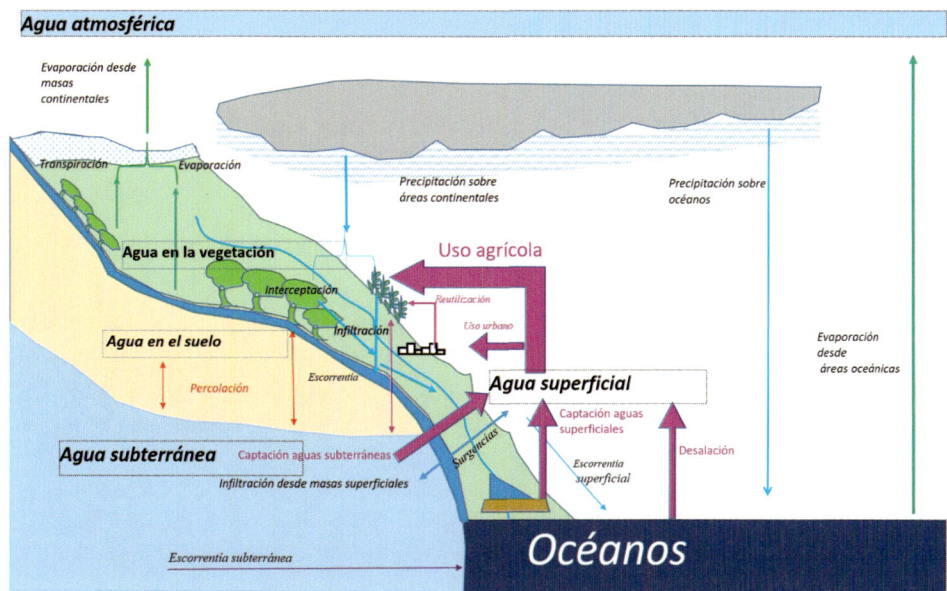

Figura 1-1. Ciclo del agua. Azul: agua líquida. Verde: agua en forma de vapor.
Rojo: agua en medio poroso. Morado: Agua derivada para uso humano.

por lo tanto, mucho más exigentes en cuanto a criterios de rentabilidad y manejo, ilustra su importancia para los profesionales de Agronomía.

El regadío es la actividad que más porcentaje de agua consume (75%) seguida del consumo urbano y del consumo industrial, en proporciones variables según la zona y sus actividades económicas principales. En la figura 1-2, se muestra el origen de los recursos empleados en el regadío en Andalucía. Es de destacar la predominancia de los regadíos basados en aguas subterráneas en las zonas más áridas de la península, en tanto que en la mayoría de las zonas es el recurso superficial el más importante.

1.3. Humedad

El agua en los materiales porosos puede estar en combinación química con los minerales o rellenar los poros que deja el material. El primer caso es de un interés muy limitado (agua movilizada durante terremotos o erupciones volcánicas) pero el segundo caso es precisamente el objetivo de este tema ya que se trata del agua que puede ser aprovechada para el abastecimiento.

La mayoría de las rocas cercanas a la superficie de la Tierra están compuestas tanto por sólidos como por huecos. La parte sólida es, por supuesto, mucho más obvia que los huecos, pero, sin los huecos, no habría agua para abastecer pozos y manantiales.

El agua puede rellenar poros finos o gruesos, en el primer caso, fracción de agua capilar, el agua se encuentra retenida por los minerales del suelo mediante fuerzas capilares y otras que se engloban bajo el término de potencial matricial, no moviéndose de

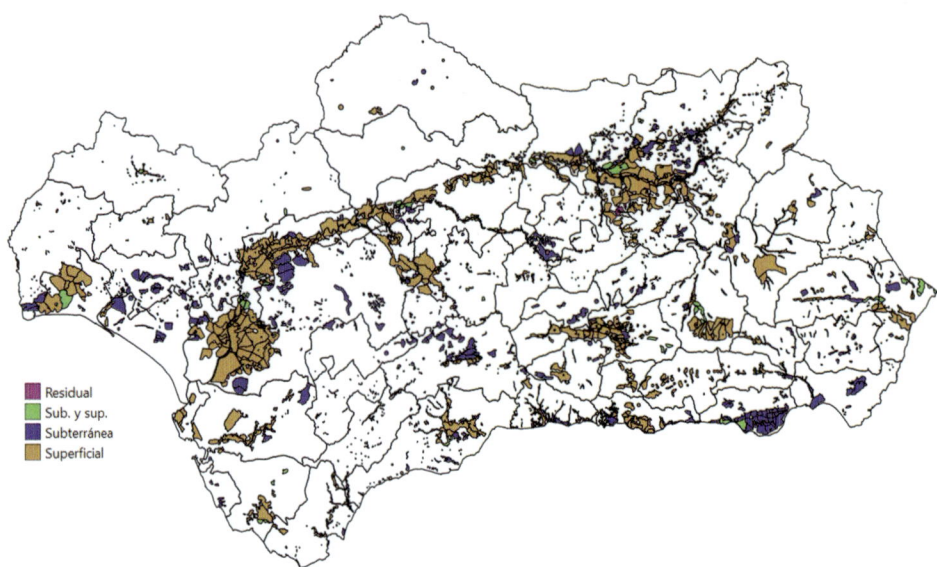

Figura 1-2. Distribución de los regadíos en Andalucía según el Inventario de 1997. Se muestra el origen de las aguas utilizadas.

forma significativa a instancias del campo gravitatorio. En el segundo caso, denominado fracción de agua gravitacional, el agua puede moverse libremente a través del suelo en respuesta al campo gravitatorio y por lo tanto puede ser drenada libremente mediante estructuras pasivas.

Se considera material seco, aquel que queda después de someter a una muestra de suelo a un calentamiento de 105° en una estufa. El agua que queda retenida a esta temperatura forma parte del agua estructural de la fracción sólida.

Por otra parte, la matriz porosa está compuesta por infinidad de canalículos de sección irregular que hacen imposible su tratamiento individualizado, por ello se suele considerar que, siendo constantes las propiedades macroscópicas, el agua circula por toda la sección de paso, sin considerar que una parte de ella está ocupada por partículas sólidas. Se define así la velocidad y caudal eficaces como los valores referidos a la sección de paso completa y tienen por lo tanto un carácter ficticio. La relación entre los valores eficaces y reales de estas magnitudes se puede obtener considerando la porosidad.

Conocemos como porosidad, θ, a la relación entre el volumen de poros, V_p, y el volumen total o aparente de una muestra, V_t. Se denomina humedad volumétrica al volumen de agua contenido en una muestra respecto del volumen total de la misma y, si se trata del peso de agua, obtendremos la humedad gravimétrica y, en general, si no se especifica otra cosa, se entiende que se está hablando de esta. Se denomina fracción de saturación, f_s, a la fracción de la porosidad que se encuentra ocupada por agua en la muestra en ese momento.

Podemos definir la densidad aparente, δa, del suelo como la relación entre la masa de suelo seco, ms, y el volumen aparente. La densidad real, δr, será en cambio la que resulta de considerar solamente el volumen ocupado por los sólidos, Vs.

La medida de la porosidad original se realiza saturando una muestra inalterada y seca del material. Como la saturación con agua es lenta y frecuentemente deja aire atrapado en los poros, se suele utilizar un disolvente orgánico para esta operación. Posteriormente se pesa el material saturado. Los valores seco y saturado se comparan para obtener el peso del volumen de huecos relleno por el disolvente. Se mide más tarde la masa del mismo fluido, desplazado en una probeta llena del mismo y enrasada hasta el extremo; la masa de fluido que se desborda permite estimar el volumen aparente de la muestra. Si se dividen los pesos por la densidad del fluido utilizado, desaparece de la fórmula con lo que resulta irrelevante su valor.

Al volumen de huecos que hay en una cierta masa de roca, expresado como fracción se denomina porosidad. La porosidad puede ser la debida a la composición y estructura del material (porosidad original) o incluir también la correspondiente fracción debida a grietas y fracturas del mismo (porosidad secundaria).

Es también frecuente referirse a la porosidad desde el punto de vista de utilidad para la explotación de los recursos subterráneos. El valor denominado eficaz se refiere a la porosidad que puede drenar libremente a instancias únicamente del potencial gravitatorio. Así, una obra de captación podría ser más o menos productiva en función del volumen de agua que es capaz de desaguar de forma pasiva. En este manual vamos a denominar a la porosidad con la letra θ.

EJEMPLO 1-1

Sea una roca de porosidad eficaz $\theta = 1 \times 10^{-4}$, ¿qué volumen de agua puede proporcionar $1 m^3$ de este tipo de roca?

Al tratarse de una fracción, bastará con multiplicar el valor de porosidad por el volumen problema V_t.

$$V = \theta \cdot V_t = 1000 \ l. \ 1 \times 10^{-4} = 0,1 \ l$$

Aire

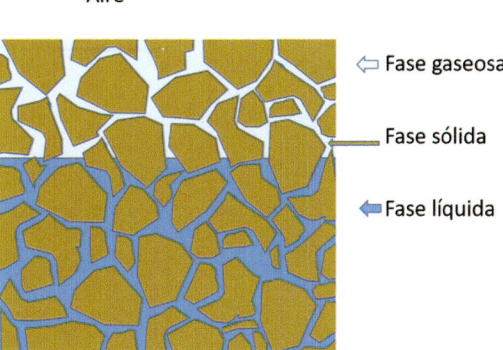

Fase gaseosa

Fase sólida

Fase líquida

Figura 1-3. Fases de los materiales porosos.

1.4. Potencial hidráulico

Una partícula fluida presenta una cierta energía por el mero hecho de ocupar una posición en el espacio, de suerte que tiende a moverse espontáneamente hacia zonas con menor energía. Este hecho permite definir el potencial hidráulico como el trabajo sobre la unidad de peso, que hay que realizar para desplazar una partícula desde una posición hasta las condiciones de referencia. Para el caso del agua se toma dicho nivel de referencia como la energía que tiene el agua pura, en reposo, a nivel del mar y sometida a la presión atmosférica. Al definir el nivel de referencia podemos ver que el potencial del agua puede subdividirse en varios conceptos más o menos independientes y así el potencial:

$$\Psi = \Psi_g + \Psi_p + \Psi_m + \Psi_0 + \Psi_v \qquad \text{[ec 1-1]}$$

en donde

Ψ_g es el potencial gravitatorio que se puede calcular como

$$\psi_g = \int_{z_0}^{z} dz = z - z_0 \qquad \text{[ec 1-2]}$$

ψ_p es el potencial de presión, que en cierto modo está relacionado con el anterior y que se puede formular como

$$\psi_p = \int_{P_0}^{p} \frac{dp}{\gamma} = h - h_0 = h \qquad \text{[ec 1-3]}$$

Estos dos tipos de potencial son los mayoritarios en el movimiento de las aguas subterráneas y se relacionan de forma directa como $H = \psi_g + \psi_p$, que conocemos como altura piezométrica.

ψ_m es el potencial matricial y se refiere a las fuerzas que retienen al agua alrededor de las partículas sólidas. No tiene valores elevados más que en condiciones de subsaturación.

ψ_o es el potencial osmótico y manifiesta la energía que es necesario aportar al agua para eliminar las sales que contiene. No suele ser importante más que en aguas muy salinas.

ψ_v es el potencial de vapor y define la diferente energía que tiene un agua en forma de vapor respecto al agua líquida. Para períodos de tiempo cortos no suele ser tenido en cuenta.

1.5. Permeabilidad

Para estudiar el movimiento del agua a través de materiales porosos se puede utilizar la ecuación de Darcy (1856), que establece la velocidad aparente de circulación del agua por un material poroso en función del potencial que actúa, la longitud del recorrido y una constante denominada conductividad hidráulica. En su origen fue concebida para calcular el paso de agua a través de los lechos de decantación de aguas para consumo urbano.

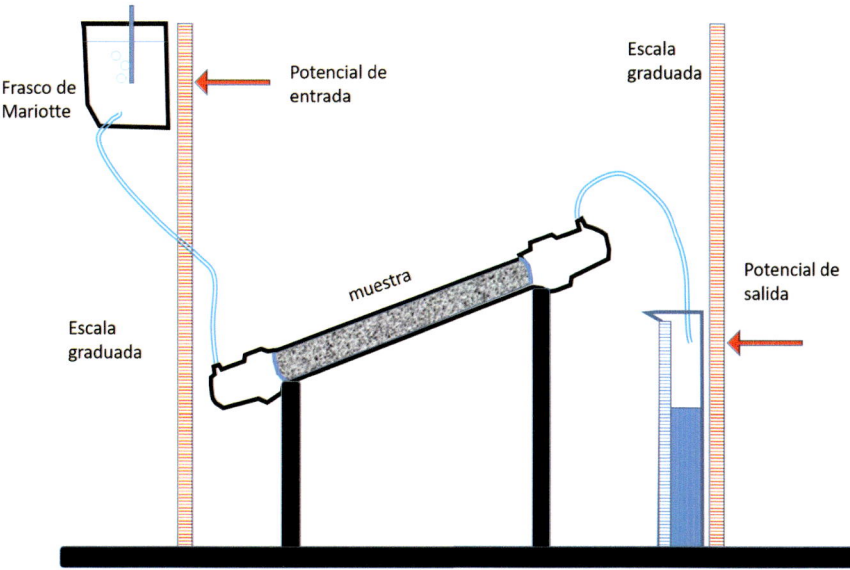

Figura 1-4. Esquema de un permeámetro horizontal.

La formulación actual de la Ley de Darcy expresa que la velocidad de paso de un fluido a través de un medio poroso es proporcional al potencial que anima el movimiento entre los extremos del sistema, e inversamente proporcional al camino que deba recorrer el fluido. Cuando se trata de agua, la constante de proporcionalidad se conoce como permeabilidad o conductividad hidráulica.

$$v = k \cdot \frac{\Delta\Phi}{\Delta s}$$ [ec 1-4]

Cuando la muestra tiene poca permeabilidad, a veces es conveniente utilizar un permeámetro orientado verticalmente. El tratamiento de los datos es similar y basta con identificar adecuadamente el potencial y el recorrido del agua.

EJEMPLO 1-2

Determinar la permeabilidad de una muestra, si se dispone de un permeámetro horizontal de dimensiones: L = 0,4 m y D = 0,036 m.

Las alturas de potencial al inicio y extremo final del permeámetro fueron $h_1 = 0,7m$, $h_2 = 0,35m$. Las medidas realizadas, que fueron los volúmenes acumulados para cada tiempo, se dan en la tabla siguiente:

t(s)	Vol(ml)	t(s)	Vol(ml)	t(s)	Vol(ml)	t(s)	Vol(ml)	t(s)	Vol(ml)
0	80	44	100	98	120	152	140	208	160
25	90	70	110	126	130	179	150	236	170

Utilice el valor de permeabilidad obtenido para dimensionar un decantador que sea capaz de procesar 30 l/s si el espesor a utilizar es e = 1m y la lámina máxima que se puede mantener es h_{max} = 0,25m

Para mejorar la visualización de este caso se trabajará con los volúmenes normalizados, quitando el volumen inicial para t = 0. La serie quedaría como:

0,10, 20, 30, 40, 50, 60, 70, 80 y 90 ml para los respectivos valores de t.

La Ecuación (ec 1-4) permite escribir u = k · Δh/L. La Ecuación de continuidad expresa que Q = u · ω, entonces Q = k ω. Entonces, el volumen Vol = Q · t = (k · Δh · ω/l) · t

Esta expresión, relaciona las variables Vol y t de forma lineal, por lo que es posible encontrar el valor de k que hace mínima la suma de los errores al cuadrado mediante una regresión lineal.

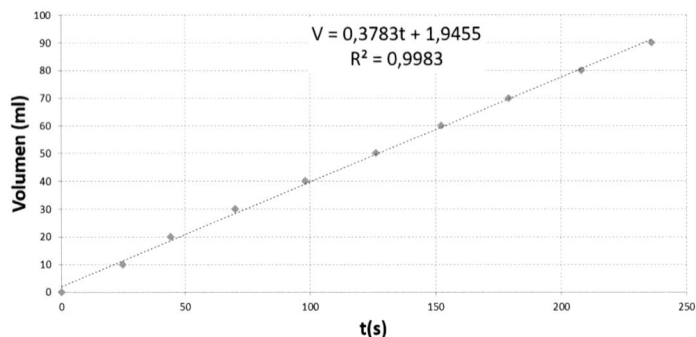

La recta de regresión se puede expresar como, y = B + mx,

Con m = 0,3783 y B = 1,9455

que, operando convenientemente y ajustando las unidades a las del sistema internacional, permite obtener: k = 0,000425 m/s, B = $1,9455 \times 10^{-6}$.

El coeficiente B sale muy próximo a cero ya que en teoría la recta debe pasar por el origen. Esto permite dar por bueno el ensayo.

Para aplicar este resultado a un decantador, utilizaremos la expresión.

$$Q = k · Δh · ω/e$$

Se debe tener en cuenta que el potencial a aplicar Δh = (e + h_{max}) = 1,5 m y k = 0,000425 m/s y entonces ω = 47,08 m².

En las aguas subterráneas, es frecuente que los materiales sean de baja permeabilidad, pero aun así de interés. La extensión de la obra de captación permite la explotación en materiales de baja permeabilidad. Por esta razón es muy frecuente el uso de la Trasmisibilidad, T_r, producto de la permeabilidad por la longitud de captación.

$$T_r = k · L \qquad\qquad \text{[ec 1-5]}$$

La permeabilidad puede variar en función del tipo de material y a lo largo del tiempo por diferentes motivos.

1.6. Acuíferos

Un acuífero es una masa de rocas que permite la circulación y la acumulación del agua subterránea en sus poros o grietas.

Es decir, el acuífero es una o más capas subterráneas de roca o de otros estratos geológicos que tienen la suficiente porosidad y permeabilidad para permitir ya sea un flujo significativo de aguas subterráneas o la extracción de cantidades significativas de aguas subterráneas.

Un acuífero es un terreno rocoso permeable dispuesto bajo la superficie, en donde se acumula y por donde circula el agua subterránea.

Un acuífero típico consta de una zona de saturación, donde el agua rellena totalmente los poros, situada encima de una capa impermeable.

Por encima de la capa saturada puede haber una zona subsaturada denominada zona vadosa o de aireación. También puede darse la circunstancia de que exista otra capa impermeable encima, que limite el movimiento del agua verticalmente, denominada en ese caso techo del acuífero.

Cuando la roca permeable donde se acumula el agua se localiza entre dos capas impermeables, el acuífero se denomina cautivo o confinado. En este caso, el agua se encuentra sometida a una presión mayor que la atmosférica, y si se perfora la capa superior o exterior del terreno, fluye como un surtidor, llamado pozo artesiano.

Cuando un material no contiene agua y tampoco la cede fácilmente, se denomina acuífugo. También hay materiales que conteniendo agua no la ceden por tener los poros pobremente conectados. Dichos materiales se denominan acuitardos o acuicludos.

Las rocas con posibilidades de constituir un acuífero pueden ser depósitos no consolidados o rocas consolidadas. En la mayoría de los lugares, la superficie de la Tierra está formada por suelo y por depósitos no consolidados.

La mayoría de los depósitos no consolidados están formados por material derivado de la desintegración de rocas consolidadas. El material consiste, en diferentes tipos de depósitos no consolidados, en partículas de rocas o minerales que varían en tamaño desde fracciones de un milímetro (tamaño de la arcilla) hasta varios metros (cantos rodados). Los depósitos no consolidados importantes en la hidrología de las aguas subterráneas incluyen, en orden de tamaño de grano creciente, la arcilla, el limo, la arena y la grava. Un grupo importante de depósitos no consolidados incluye también fragmentos de conchas de organismos marinos.

Las rocas consolidadas están formadas por partículas minerales de diferentes tamaños y formas que han sido soldadas por calor y presión o por reacciones químicas en una masa sólida. Estas rocas se denominan comúnmente en los informes sobre aguas subterráneas como lecho de roca. Incluyen rocas sedimentarias que originalmente no estaban consolidadas y rocas ígneas formadas a partir de un estado fundido. Las rocas sedimentarias consolidadas importantes en la hidrología de las aguas subterráneas incluyen la caliza, la dolomita, el esquisto, la limolita, la arenisca y el conglomerado. Las rocas ígneas son el granito y el basalto.

Entre las características de las rocas, para el manejo de las aguas subterráneas nos van a resultar particularmente útiles la permeabilidad y la porosidad. En general los materiales sedimentarios pueden ser más permeables que las rocas consolidadas. Aunque las rocas fracturadas pueden presentar valores elevados tanto de permeabilidad como de porosidad eficaz. Esta circunstancia permite la explotación de recursos en materiales a priori poco favorables como mármoles o pizarras.

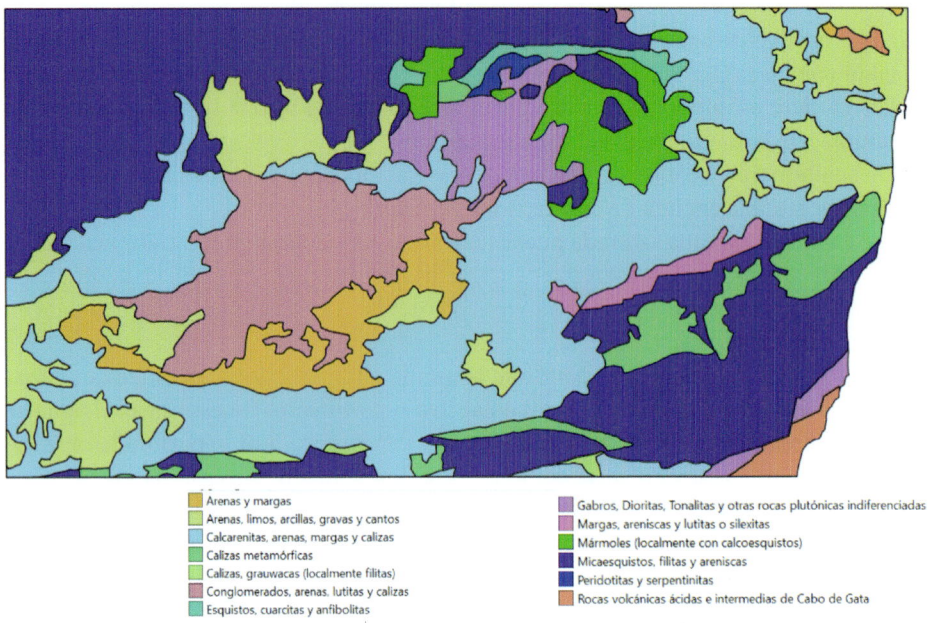

Arenas y margas
Arenas, limos, arcillas, gravas y cantos
Calcarenitas, arenas, margas y calizas
Calizas metamórficas
Calizas, grauwacas (localmente filitas)
Conglomerados, arenas, lutitas y calizas
Esquistos, cuarcitas y anfibolitas

Gabros, Dioritas, Tonalitas y otras rocas plutónicas indiferenciadas
Margas, areniscas y lutitas o silexitas
Mármoles (localmente con calcoesquistos)
Micaesquistos, filitas y areniscas
Peridotitas y serpentinitas
Rocas volcánicas ácidas e intermedias de Cabo de Gata

Figura 1-5. Mapa litológico, cuenca del río Aguas (Almería).

Es posible asignar una permeabilidad y porosidad a cada litología. A falta de datos experimentales el intervalo es amplio, aunque el orden de magnitud suele ser fiable. En la Tabla 1-1 se muestran algunos materiales de interés hidrológico.

Tabla 1-1			
Propiedades de los materiales litológicos más frecuentes			
Material	Permeabilidad (m/día)	Porosidad (%)	Valor eficaz (%)
Grava	25 a 2500	25 a 40	13 a 26
Arena gruesa	0,1 a 500	21 a 50	22 a 35
Arena fina	0,02 a 20	20 a 50	10 a 28

Continúa

Material	Permeabilidad (m/día)	Porosidad (%)	Valor eficaz (%)
Tabla 1-1 Continuación			
Limo	10^{-4} a 2	35 a 50	3 a 19
Arcillas	10^{-5} a 4×10^{-4}	40 a 60	0 a 5
Calizas carstificadas	0,1 a 2000	5 a 50	5 a 40
Calizas compactas	10^{-4} a 0,5	0,1 a 25	0,1 a 5
Arenisca	3×10^{-5} a 0,5	5 a 35	0,5 a 10
Pizarras intactas	10^{-8} a 2×10^{-4}	1 a 10	0,5 a 5
Pizarras fracturadas	10^{-4} a 1	30 a 50	30 a 50
Rocas ígneas/metamórficas sin fracturar	10^{-9} a 10^{-5}	0,01 a 1	0,0005
Rocas ígneas/metamórficas fracturadas	0,001 a 25	1 a 10	5×10^{-5} a 0,01

Hay numerosas fuentes de información de origen oficial para caracterizar áreas de interés. En general será interesante manejar la información mediante un SIG. Es de especial interés localizar información de este tipo acerca de las masas acuíferas y de los usos del territorio.

AGUAS
BÉDAR-ALCORNIA
CAMPO DE NÍJAR
CAMPO DE TABERNAS
CUBETA DE BALLABONA-SIERRA LISBONA-RÍO ANTAS
LUBRÍN-EL MARCHAL
PUERTO DE LA VIRGEN
SIERRA ALHAMILLA

Figura 1-6. Masas acuíferas en el entorno del río Aguas (Almería).

1.7. Evaluación de los recursos disponibles

El estudio solo puede ser desarrollado, con rigor, mediante el uso de modelos hidrológicos y conocidos suficientes datos de las cuencas, superficiales y subterráneas, objeto de diseño. En general se trata de calcular el volumen de recursos que se pueden derivar hasta el acuífero (recarga) mediante la aplicación de un balance hídrico a la cuenca subterránea que se trata de explotar.

La evaporación y la escorrentía que eventualmente se puedan producir se podrían evaluar mediante técnicas de hidrología superficial.

En todo caso el volumen de recursos subterráneos disponible, de forma sostenible, es como mucho igual a la recarga media anual bien porque parte puede perderse por evapotranspiración (algunos árboles pueden alcanzar con sus raíces la capa freática), bien por causa de que no coincidan las puntas de demanda con las de salida del recurso, o bien por causas legales que impidan agotar al máximo el recurso, como en acuíferos costeros, para evitar la posible intrusión marina.

Una explotación que no tengan en cuenta estos aspectos puede rápidamente tomar recursos de la reserva no renovable con el consiguiente riesgo para el mantenimiento de las actividades a satisfacer.

Una forma sencilla de hacer un balance consiste en hacer un seguimiento de la reserva del suelo, teniendo en cuenta que solo se producirá escorrentía subterránea cuando la reserva esté completa y siga habiendo aporte de agua.

Así, la precipitación se descompone en infiltración y escorrentía superficial. La escorrentía superficial se puede evaluar mediante algún procedimiento sencillo, como el método del número de curva. La reserva recibe el aporte de la infiltración y se produce una salida como evapotranspiración. Solo si la reserva R, está completa, el sobrante drena hacia el acuífero.

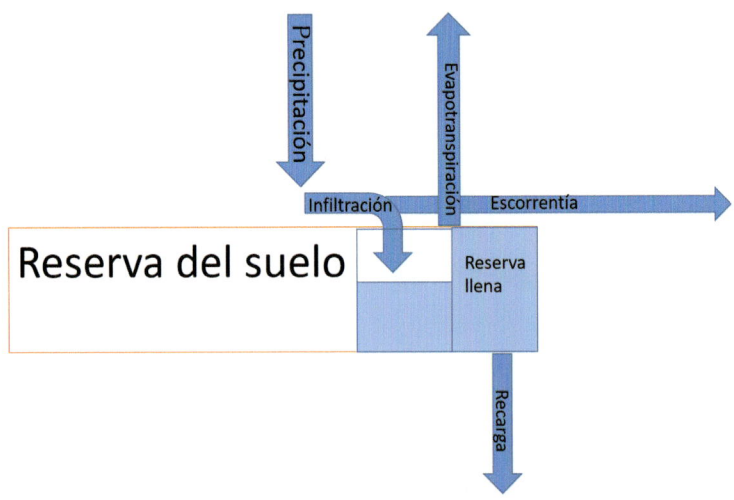

Figura 1-7. Esquema de los procesos de recarga hacia un acuífero.

$$w = R - R_{max} \qquad si\ R > R_{max}$$
$$w = 0 \qquad si\ R < R_{max}$$

Con

$$R = F - ETc$$

$$R_{max} = z \cdot \delta_a \cdot (\theta_{cc} - \theta_{pmp}) \qquad\qquad [ec\ 1\text{-}6]$$

z   espesor del suelo (mm)
δ_a densidad aparente relativa del suelo (1,1 a 1,8)
F   infiltración (mm)
ETc   evapotranspiración de cultivo (mm)

▌ EJEMPLO 1-3

Determinar el volumen anual de escorrentía directa y eventual recarga a un acuífero que coincide con una cuenca cubierta de matorral (kc = 0,3), cuyo suelo puede caracterizarse hidrológicamente mediante un número de curva variable a lo largo del año, $\theta_{cc} = 0{,}26$, $\theta_{PM} = 0{,}07$, profundidad media z = 350 mm, si los datos de precipitación y evaporación mensual se proporcionan en la tabla adjunta

mes	e	f	m	a	m	j	j	a	s	o	n	d
PP media (mm)	23,10	18,10	34,10	42,50	33,70	20,50	2,80	5,70	18,30	44,10	28,90	26,60
CN	80	80	75	70	65	65	60	60	65	70	75	80
ET_0(mm)	21,4	24,4	40,6	54,8	89,0	128,9	167,7	168,1	119,1	73,3	34,9	21,6

Lo primero será determinar la reserva útil del suelo, suponiendo $\delta_a = 1{,}2$ g/cm³.

$$R_{max} = z \cdot \delta_a\ (\theta_{cc} - \theta_{pmp}) = 79{,}8\ mm$$

Se comienza el análisis en un punto en que se tenga cierta seguridad acerca del estado de la reserva, por ejemplo, el mes de agosto con R = 0 mm. Se va haciendo un seguimiento del estado de la reserva de modo que cuando se produzca un valor mayor que el máximo calculado se reduce hasta este valor y el resto se destina a recarga, saliendo del sistema.

El agua infiltrada que alcanza la reserva se calculará mediante el método de las abstracciones y la evaporación de la cubierta mediante el coeficiente de cultivo. De forma adicional se puede calcular el agua que escapa del sistema como escorrentía directa.

mes	e	f	m	a	m	j	j	a	s	o	n	d	Total
PP(mm)	23,10	18,10	34,10	42,50	33,70	20,50	2,80	5,70	18,30	44,10	28,90	26,60	298,40
CN	80	80	75	70	65	65	60	60	65	70	75	80	
ET_0(mm)	21,4	24,4	40,6	54,8	89,0	128,9	167,7	168,1	119,1	73,3	34,9	21,6	943,8
S_{ab}	61,3	61,3	81,7	105	132	132	163	163	132	105	81,7	61,3	
$Pp-0{,}2S_{ab}$	10,9	5,85	17,8	21,5	7,32	-5,88	-29,9	-27	-8,08	23,1	12,6	14,4	

mes	e	f	m	a	m	j	j	a	s	o	n	d	Total
Pe	1,63	0,51	3,17	3,65	0,38	0	0	0	0	4,17	1,68	2,72	17,92
F = P-Pe	21,47	17,59	30,93	38,85	33,32	20,50	2,80	5,70	18,30	39,93	27,22	23,88	280,48
Disponible	73,56	79,80	79,80	79,80	79,80	79,80	64,43	5,70	18,30	39,93	45,17	58,57	
ETc	6,42	7,32	12,2	16,4	26,7	38,7	50,3	50,4	35,7	22	10,5	6,48	283,14
ETa	6,42	7,32	12,18	16,44	26,70	38,67	50,31	5,70	18,30	21,99	10,47	6,48	220,98
R	67,14	77,41	79,80	79,80	79,80	61,63	14,12	0	0,00	17,94	34,70	52,09	
w	0,00	0,00	16,36	22,41	6,62	0,00	0,00	0,00	0,00	0,00	0,00	0,00	45,38

Los resultados se pueden representar para tener una idea más clara de las proporciones entre los mismos.

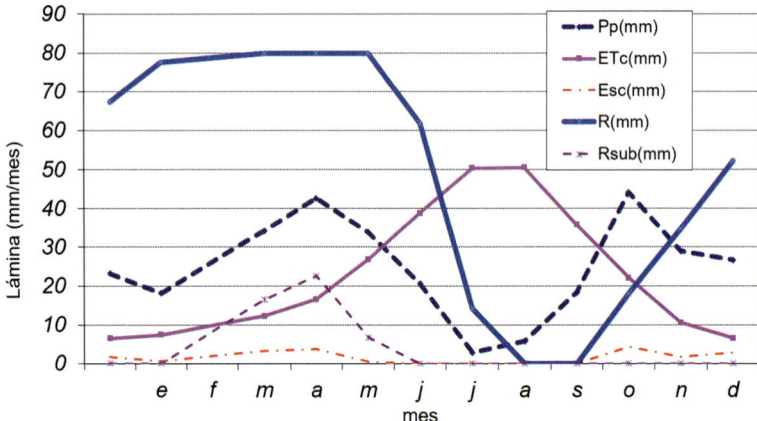

Una mejor aproximación al sistema se puede obtener mediante el conocido como modelo SMA, que básicamente consiste en un balance en tiempos cortos (diario u horario) precisando todos los aspectos del balance hídrico del suelo.

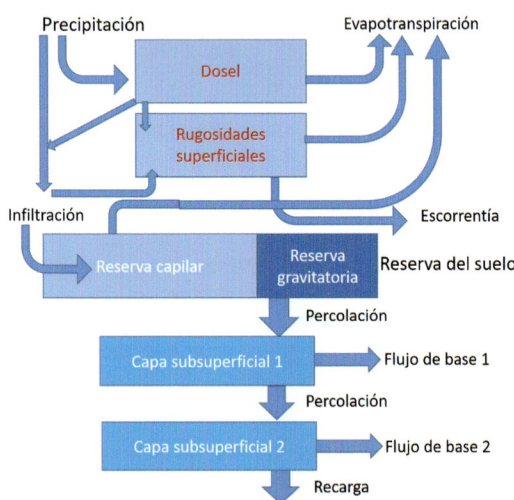

Figura 1-8. Esquema del modelo de Balance de humedad del suelo (SMA).

La implementación de este método puede resultar compleja, aunque algunos modelos hidrológicos la incluyen entre sus opciones. El Modelo HEC-HMS permite un balance de estas características. En las figuras siguientes, desde la figura 1-9 hasta la figura 1-15, se muestran las salidas gráficas generadas por el Modelo HEC-HMS para la cuenca del río Andarax (Almería).

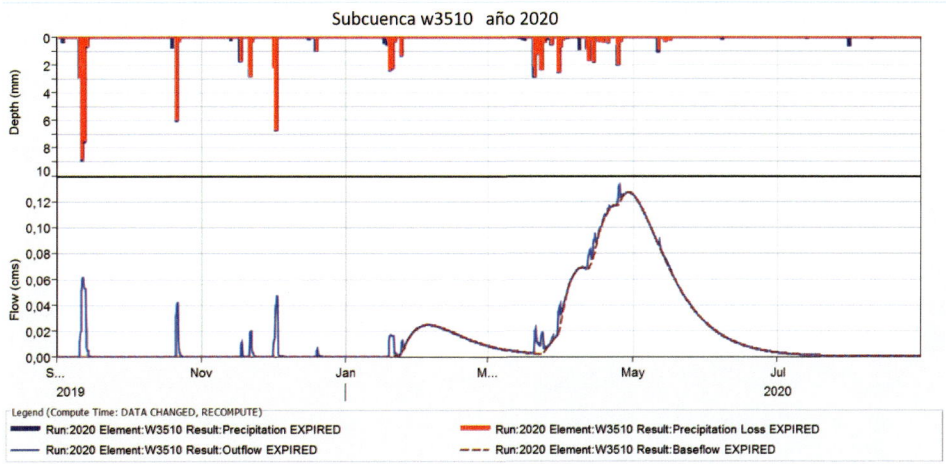

Figura 1-9. Ejemplo de lluvia y escorrentía en una cuenca árida del SE de España.

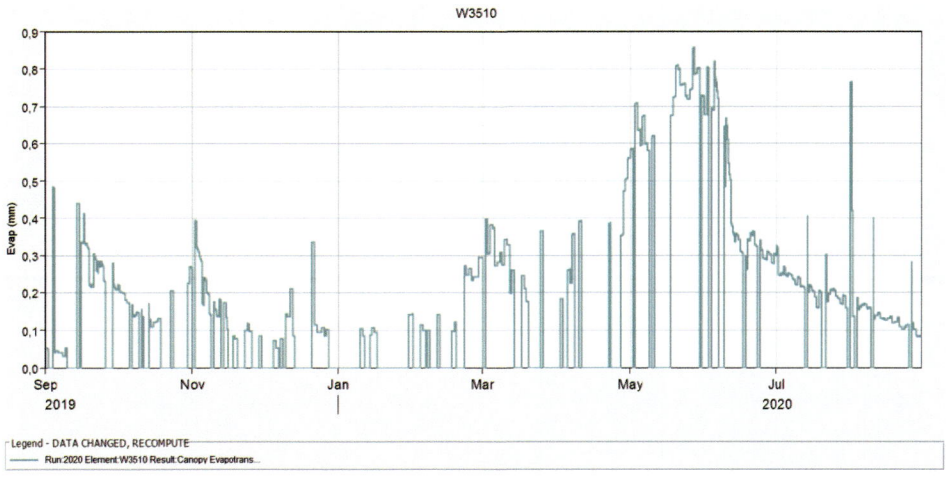

Figura 1-10. Ejemplo de evolución de la evaporación desde el dosel.

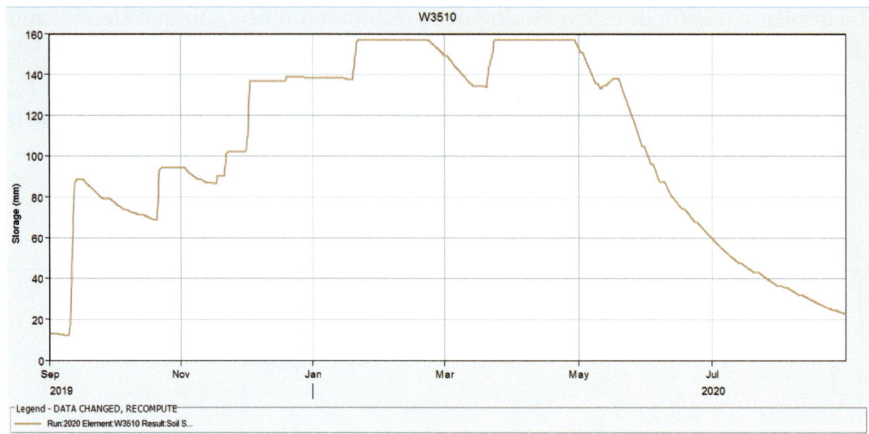

Figura 1-11. Ejemplo de evolución de la reserva del suelo.

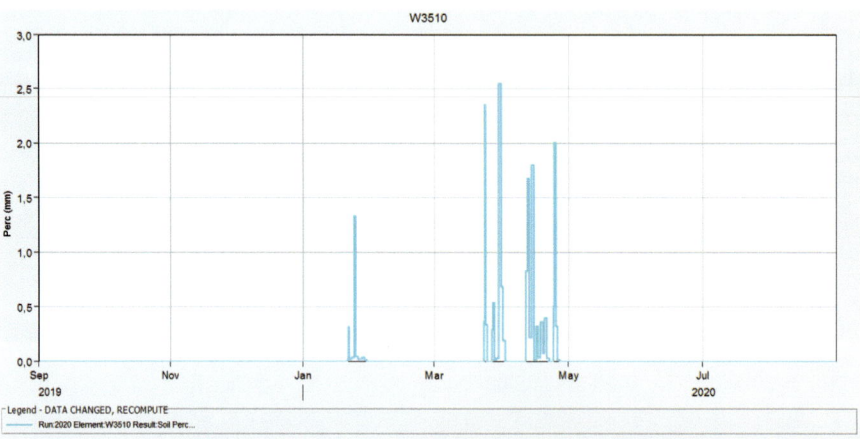

Figura 1-12. Ejemplo de percolación desde el suelo.

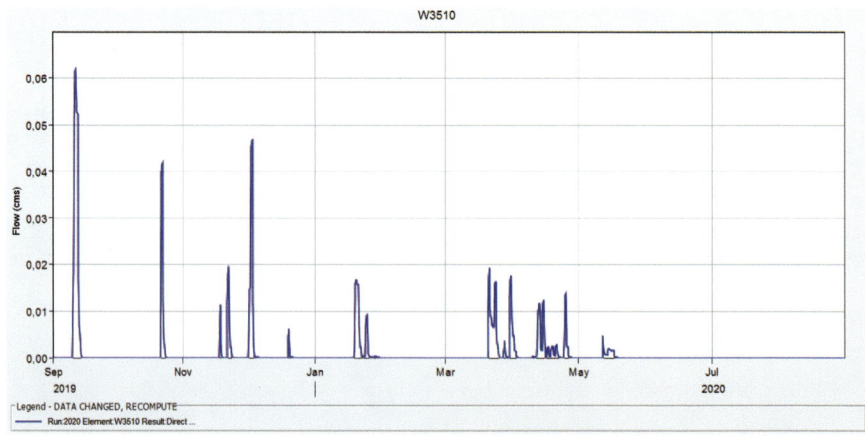

Figura 1-13. Ejemplo de escorrentía directa en una cuenca árida del SE de España.

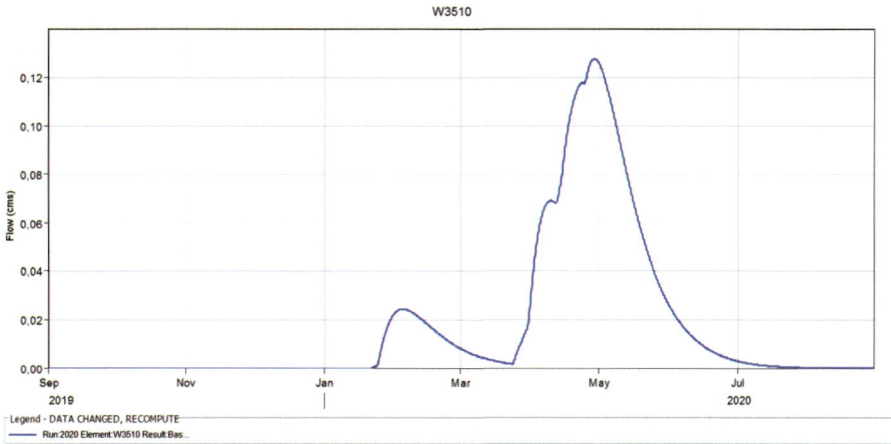

Figura 1-14. Ejemplo de flujo de base. En una cuenca del SE de España.

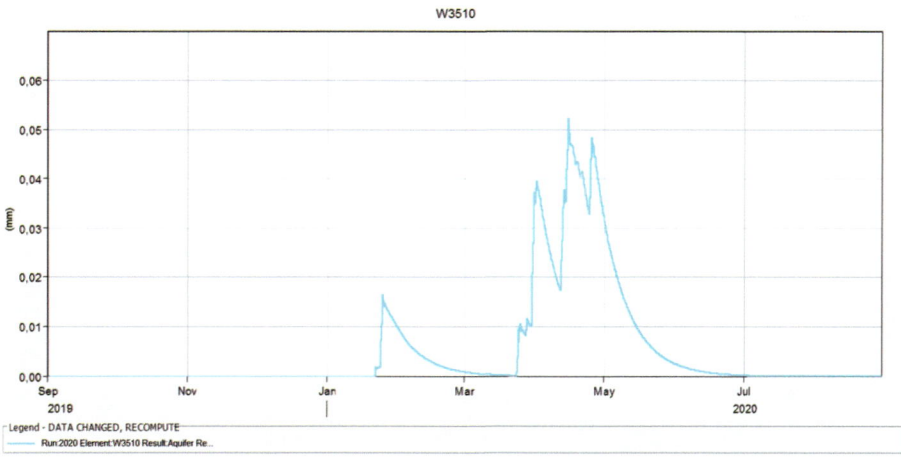

Figura 1-15. Ejemplo de recarga del acuífero a partir del modelo SMA para 1 año.

1.8. Evaluación probabilística de los recursos subterráneos

Dada la naturaleza no lineal de los procesos hidrológicos, se hace necesario una evaluación de la recarga vinculada a una cierta probabilidad de ocurrencia. A falta de verdaderos modelos estocásticos se puede tratar de aplicar un balance con las condiciones de contorno asociadas a una cierta probabilidad de ocurrencia.

En general, la cantidad de precipitación constituye la variable más impredecible del sistema. Por esta razón se puede utilizar como punto de partida, al asociarle una probabilidad concreta a cada cantidad. En estas circunstancias, cada nivel de precipitación provocará un reparto diferente entre aguas infiltradas al acuífero y aguas superficiales.

▮ EJEMPLO 1-4

Determinar el volumen anual de escorrentía directa y eventual recarga a un acuífero que coincide con una cuenca cubierta de matorral (kc = 0,3), cuyo suelo puede caracterizarse hidrológicamente mediante un número de curva variable a lo largo del año, θ_{cc} = 0,32, θ_{PM} = 0,12, profundidad media z = 300 mm, si los datos de evaporación mensual se proporcionan en la tabla adjunta. La precipitación quedará definida por una distribución exponencial cuyos parámetros mensuales también se proporcionan de manera mensual.

mes	e	f	m	a	m	j	j	a	s	o	n	d
μ (mm)	7,40	16,00	66,40	24,60	8,80	9,60	0,60	0,03	22,62	44,40	19,40	6,00
$\lambda = 1/\mu$	0,14	0,06	0,02	0,04	0,11	0,10	1,67	33,33	0,04	0,02	0,05	0,17
CN	80	80	75	70	65	65	60	60	65	70	75	80
ET_0(mm)	45,4	55,8	87,4	120,0	144,3	163,2	165,0	172,8	124,4	80,2	48,1	37,3

Lo primero será determinar la reserva útil del suelo, suponiendo δ_a = 1,2 g/cm³.

$$R_{max} = z \cdot \delta_a \, (\theta_{cc} - \theta_{pmp}) = 72 \text{ mm}$$

Se comienza el análisis en un punto en que se tenga cierta seguridad acerca del estado de la reserva, por ejemplo, el mes de agosto con R = 0 mm. Se va haciendo un seguimiento del estado de la reserva de modo que cuando se produzca un valor mayor que el máximo calculado se reduce hasta este valor y el resto se destina a recarga, saliendo del sistema.

El agua infiltrada que alcanza la reserva se calculará mediante el método de las abstracciones y la evaporación de la cubierta mediante el coeficiente de cultivo. De forma adicional se puede calcular el agua que escapa del sistema como escorrentía directa.

mes	e	f	m	a	m	j	j	a	s	o	n	d	Total
PP(mm)	11,9	25,8	106,9	39,6	14,2	15,5	1,0	0,0	36,4	71,5	31,2	9,7	363,5
CN	80	80	75	70	65	65	60	60	65	70	75	80	
ET_0(mm)	45,4	55,8	87,4	120,0	144,3	163,2	165,0	172,8	124,4	80,2	48,1	37,3	1243,9
S_{ab}	61,3	61,3	81,7	105,0	131,9	131,9	163,3	163,3	131,9	105,0	81,7	61,3	
Pp-0,2S_{ab}	-0,3	13,5	90,5	18,6	-12,2	-10,9	-31,7	-32,6	10,0	50,5	14,9	-2,6	
Pe	0,0	2,4	47,6	2,8	0,0	0,0	0,0	0,0	0,7	16,4	2,3	0,0	72,2
F = P-Pe	11,9	23,3	59,3	36,8	14,2	15,5	1,0	0,0	35,7	55,1	28,9	9,7	291,3
Disponible	55,9	65,6	72,0	72,0	72,0	58,3	10,3	0,0	35,7	55,1	59,9	55,2	
ETc	13,6	16,7	26,2	36,0	43,3	49,0	49,5	51,8	37,3	24,1	14,4	11,2	373,2
ETa	13,6	16,7	26,2	36,0	43,3	49,0	10,3	0,0	35,7	24,1	14,4	11,2	280,6
R	42,3	48,8	72,0	72,0	42,9	9,4	0,0	0,0	0,0	31,0	45,5	44,0	
w	0,0	0,0	9,9	0,8	0,0	0,0	0,0	0,0	0,0	0,0	0,0	0,0	10,7

En la tabla se muestran los cálculos realizados para P = 0,8. Para determinar la precipitación de cada mes se utiliza la distribución exponencial, asignándole una cierta probabilidad.

Si se explora este balance para probabilidades entre 0,1 y 0,99, se podrá obtener una idea más clara de cómo se comporta la recarga para diferentes años. Los resultados se pueden representar para examinar las proporciones entre las diferentes fracciones.

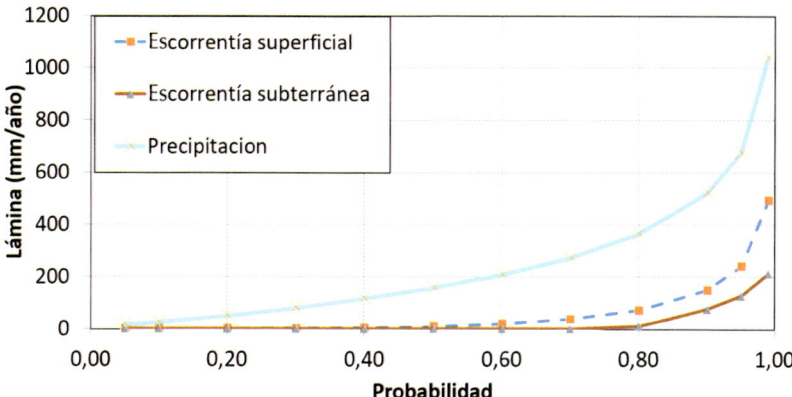

Que, si las representamos como fracción del total, queda:

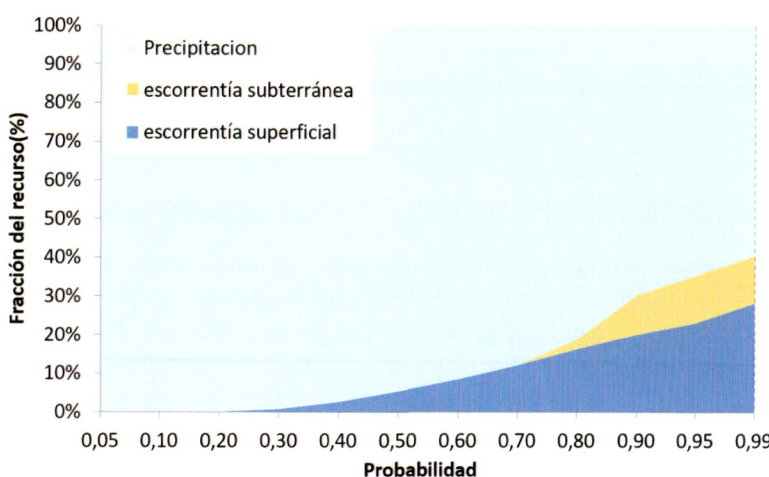

Dado que las variables climáticas, en general, están más o menos correlacionadas unas con otras, es interesante trabajar con años reales a los que luego asociar una cierta probabilidad de ocurrencia. Este tratamiento podría ser denominado de escenarios reales.

Otra posibilidad es utilizar una serie de años consecutivos a los que se aplica el balance y así se deduce el comportamiento del sistema a medio plazo. Si el número de años es suficiente, cada uno de ellos llevará asociada una cierta probabilidad de ocurrencia, que se puede asociar a la recarga calculada.

Así, por ejemplo, Zapata et al., (2022) obtuvieron la recarga de una serie de 20 años para la cuenca del río Andarax, utilizando SMA en el modelo HEC HMS.

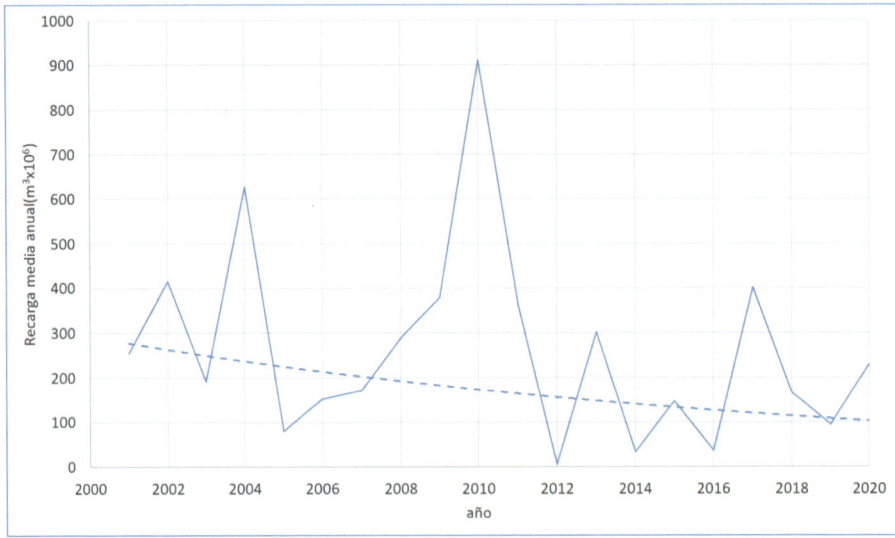

Figura 1-16. Recarga media en la cuenca del río Andarax (2500 km²).

En este caso, la recarga media fueron 262 hm³ para el total de la cuenca.

1.9. Características y usos de las aguas subterráneas

La gran mayoría de las aguas subterráneas provienen directamente de la precipitación, después de recorrer un camino más o menos largo por el interior de la corteza terrestre. Cuanto mayor sea este camino y por ende el tiempo empleado por el agua en recorrerlo, mayor será su temperatura y concentración en sales, especialmente determinados elementos metálicos. En este sentido cabe destacar la elevada concentración de boro que presentan las aguas provenientes de la sierra Alhamilla.

Por el contrario, la presencia de microorganismos en estas aguas es nula, salvo casos de contaminación directa, y por este motivo son idóneas para el abastecimiento urbano.

La información hidrogeológica suele incluir algunas referencias a la calidad (diagramas de Piper y Stiff) y a la evolución de los niveles piezométricos. En algunas zonas es posible también encontrar información sobre la distribución de las isopiezas de la zona.

En los mapas clásicos, en papel, la escala en la que aparece la información no deja de ser una referencia orientativa y para trabajos más precisos es necesario acudir a información contenida en mapas informatizados, más detallados y recientes.

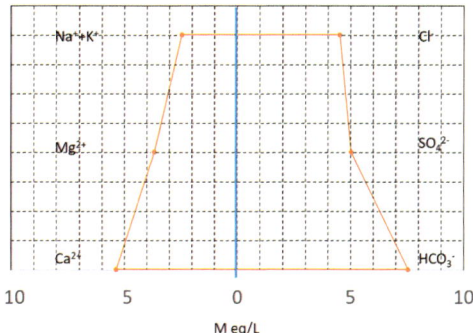

Figura 1-17. Ejemplo de gráfico de Stiff.

1.10. Los usos de las aguas

De conformidad con el artículo 4-20 de la LAA, los usos del agua se clasifican en:

a) *Usos domésticos:* la utilización del agua para atender las necesidades primarias de la vida en inmuebles destinados a vivienda, siempre que en ellos no se realice actividad industrial, comercial o profesional de ningún tipo.

b) *Usos agrarios, industriales, turísticos y otros usos en actividades económicas:* la utilización del agua en el proceso de producción de bienes y servicios correspondientes a dichas actividades.

c) *Uso urbano:* el uso del agua si su distribución o vertido se realiza a través de redes municipales o supramunicipales. Asimismo, tendrán este carácter los usos del agua en urbanizaciones y demás núcleos de población, cuando su distribución se lleve a cabo a través de redes privadas.

d) *Usos urbanos en actividades económicas de alto consumo:* aquellos que en cómputo anual signifiquen un uso superior a 100.000 metros cúbicos.

Según el Ministerio de Agricultura, el consumo de agua por sectores sería de 15.833 hectómetros cúbicos en 2012 por parte de la agricultura, el 79% del total. Respecto al consumo de agua urbana, es mucho menor respecto al anterior, siendo de 4.324 hectómetros cúbicos en 2012, un 21%. El INE, en 2005, afirmaba que el uso del agua por sectores era: agricultura, un 75%; hogares, un 12%; servicios, un 3%; e industria, un 10%.

El abastecimiento de agua y saneamiento en España se caracteriza por una cobertura universal y con una calidad de servicio buena. Alrededor de un 60% de la población es abastecida por empresas privadas que operan gracias a las concesiones de los municipios. La compañía de abastecimiento más grande de España es Aguas de Barcelona (Grupo Agbar), con el 50% de las concesiones privadas del mercado. Las tarifas por abastecimiento de agua y saneamiento son las terceras más bajas de Europa.

Actualmente se riegan en España 3.344.637 ha que representan el 7% de la superficie nacional y el 13% de la superficie agrícola útil. La existencia de 1.810.000 ha transformadas con anterioridad a 1960, de las que 1.077.000 ha tienen más de 100 años de antigüedad, determina que hoy existan 735.000 ha en las que las redes de distribución constituidas, en gran parte, por cauces de tierra, tienen elevadas pérdidas de agua. A su vez, de las 1.295.000 ha regadas actualmente mediante acequias de hormigón, 392.000 ha presentan graves problemas de conservación y mantenimiento. Asimismo, estos regadíos fueron proyectados de acuerdo con la tecnología entonces existente, utilizando el sistema de riego tradicional de gravedad (1.981.000 ha), y gran parte de ellos (1.635.000 ha) con riego por turnos. La pérdida de eficiencia de las conducciones con el transcurso del tiempo y la modificación de las alternativas de cultivo han motivado que 1.129.000 ha estén actualmente infradotadas y 694.000 ha ligeramente infradotadas. El regadío obtiene el 50% de la producción final agraria en tan solo un 13% de la superficie agrícola, con un valor bruto de la producción anual por hectárea situado entre 2.500 y 3.000 euros, lo que equivale a algo más de 6 veces el del secano.

1.11. Bibliografía

Darcy, H. (1856). Les fontaines publiques de la ville de Dijon: exposition et application des principes à suivre et des formules à employer dans les questions de distribution d'eau (Vol. 1). Victor dalmont.

España, L. B. D. A. E., & UE, O. K. (2000). Ministerio de Medio Ambiente. Secretaría de Estado de Aguas y Costas. Dirección General de Obras Hidráulicas y Calidad de las Aguas. Centro de Publicaciones, Secretaría general Técnica, Ministerio de Medio Ambiente, Madrid.

Feldman, A. D. (2000). Hydrologic modeling system HEC-HMS: technical reference manual. US Army Corps of Engineers, Hydrologic Engineering Center. Recuperado de https://www.hec.usace.army.mil/software/hec-hms/documentation/HEC-HMS_Technical%20Reference%20Manual_(CPD-74B).pdf

IGME (1984) Mapa Hidrogeologico de Almeria. Recuperado de https://info.igme.es/cartografiadigital/tematica/Hidrogeologico200Hoja.aspx?Id=84&language=es

Inventario de regadios de Andalucia (1997). Recuperado de https://portalrediam.cica.es/descargas?path=%2F10_SISTEMAS_PRODUCTIVOS%2F02_AGRICULTURA_GANADERIA%2FInventario_Regadios_1996_97

Ley 29/1985, de 2 de agosto, de Aguas, BOE» núm, 189, de 8 de agosto de 1985. Recuperado de https://www,boe,es/eli/es/l/1985/08/02/29

Zapata-Sierra, A. J., Zapata-Castillo, L., & Manzano-Agugliaro, F. (2022). Water resources availability in southern Europe at the basin scale in response to climate change scenarios. Environmental Sciences Europe, 34(1), 75. https://doi.org/10.1186/s12302-022-00649-5

CAPÍTULO 2
Aprovechamiento de las aguas subterráneas

El aprovechamiento debe hacerse en unas condiciones económicamente viables. De poco sirve que un material contenga agua si esta no puede extraerse en un tiempo razonable. En estas circunstancias, la dimensión de la obra de captación adquiere capital importancia, de manera que materiales pobres pueden ser aprovechados con una obra de grandes dimensiones.

De una manera resumida, las aguas subterráneas pueden ser aprovechadas accediendo a la zona saturada y permitiendo que el agua pase desde el material poroso hasta la zona de captación. Este paso se produce de forma pasiva, a instancias del potencial gravitatorio, por lo que solamente será aprovechable una fracción del agua contenida en el material. En el contexto de las aguas subterráneas, se habla de agua útil a la fracción contenida entre la saturación del material y la que queda retenida en la reserva del suelo y solo puede ser extraída por las plantas.

2.1. Relación de las aguas subterráneas con otras masas de agua

El agua de lluvia puede llegar a los acuíferos de una forma rápida mediante infiltración a través del suelo, especialmente cuando este es arenoso, o a través del lecho de ríos y lagos. Este último mecanismo es especialmente activo en zonas áridas con ríos estacionales cuyo lecho está constituido en una gran proporción por arenas y gravas.

Los ríos que contribuyen a la recarga de los acuíferos se denominan corrientes afluentes, aunque en general casi ninguna corriente lo es en toda su longitud, sino que en determinados tramos el acuífero puede aportar agua al cauce, especialmente cuando determinados materiales impermeables son interceptados por el cauce, denominándose estos casos corrientes efluentes.

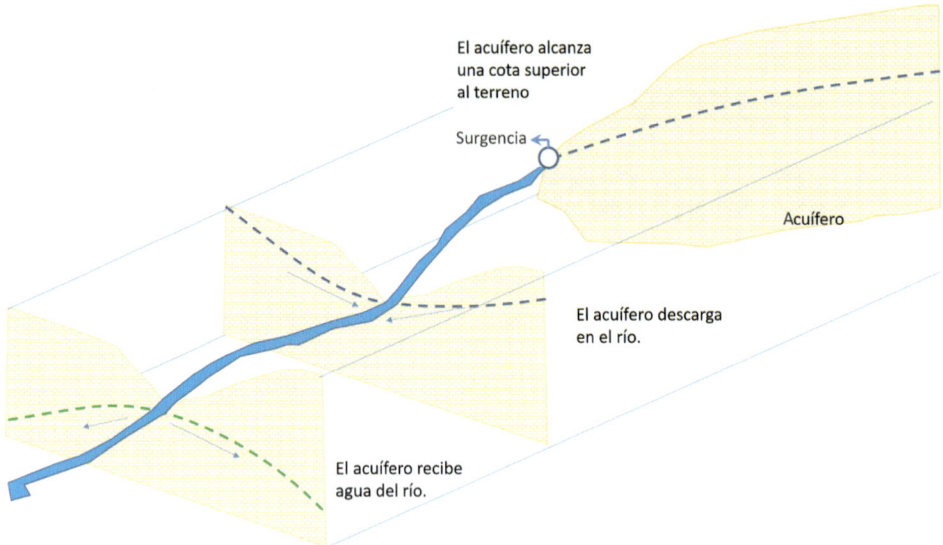

Figura 2-1. Relaciones entre río y acuífero.

Cuando el nivel freático supera a la cota topográfica y el material de la superficie es permeable puede producirse una surgencia o manantial.

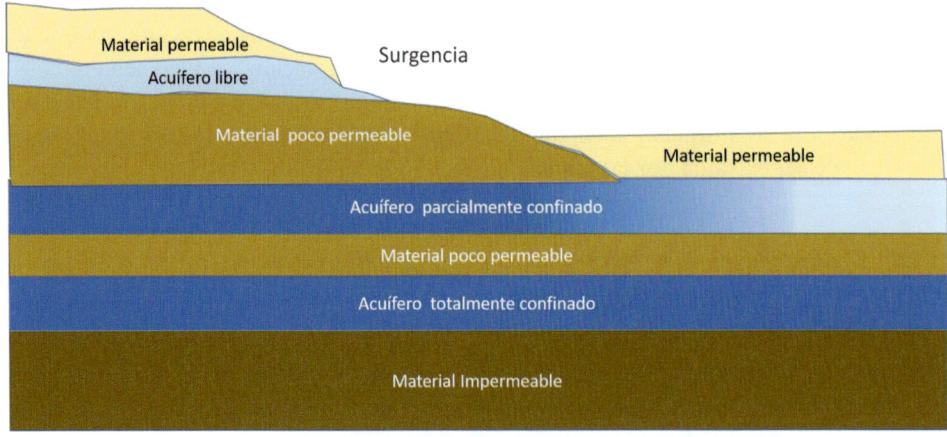

Figura 2-2. Esquema de las diferentes configuraciones del agua subterránea.

Cuando la superficie del terreno se encuentra constituida por materiales poco permeables el agua puede quedar retenida bajo la superficie, pero su potencial es mayor que el correspondiente al potencial gravitatorio en ese punto y cualquier rotura (pozo) puede ocasionar la aparición de un manantial, que en este caso se denominaría artesiano.

En otras ocasiones, la capa superficial del terreno es permeable y el acuífero se denomina libre. En numerosas ocasiones, los estratos superficiales son de diferente permeabilidad y se da el caso de que un mismo acuífero puede ser confinado en una parte y libre en otra.

En cualquier caso, el nivel piezométrico marca el límite de ascenso del agua en cualquier obra que pueda practicarse en un acuífero.

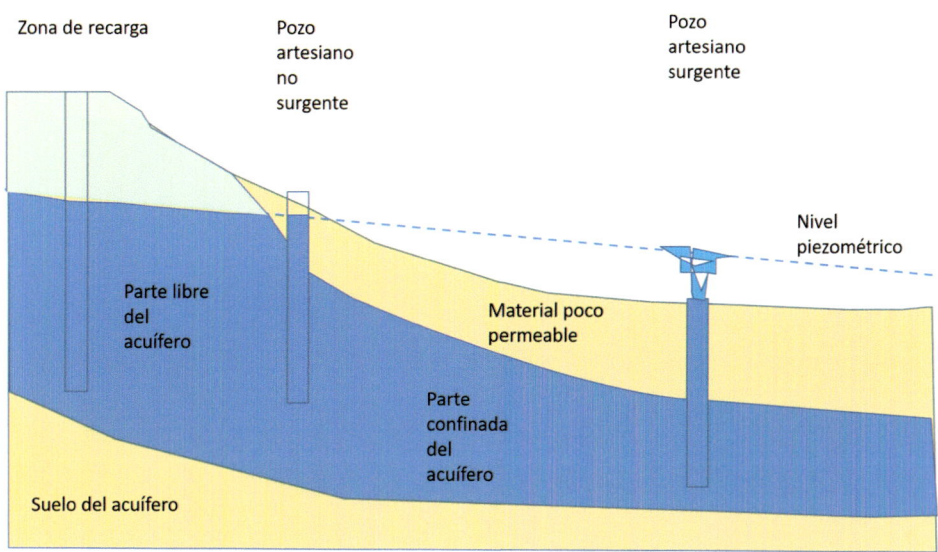

Figura 2-3. Tipos de pozo en función de la configuración del acuífero.

2.2. Captación de aguas subterráneas

Desde antiguo se ha venido utilizando el agua de origen subterráneo como recurso complementario y en muchos casos como recurso principal sobre todo para uso humano. Hoy día se considera el recurso subterráneo como uno más de los disponibles y su uso se ha tecnificado e intensificado notablemente.

En los últimos años se ha extendido la definición de *embalse subterráneo* como un análogo al *embalse superficial*. Se insiste además en la utilidad del acuífero como vía de transporte del agua. En cierta medida es así, pero con limitaciones ya que no todo el volumen de agua almacenada en el acuífero está disponible y en muchos acuíferos la velocidad real de movimiento para el agua es tan baja que en la práctica el acuífero no funciona como un conjunto.

2.2.1. Manantiales

Se puede definir como un punto o zona de un terreno en la que, de modo natural, fluye a la superficie una cantidad apreciable de agua que procede de un embalse subterráneo o acuífero. En muchas ocasiones no existe un único punto de descarga sino una zona difusa donde rezuma en agua y en otras ocasiones este mecanismo está en conexión con un cauce superficial. Por otro lado, el agua podría no llegar a la superficie al ser consumida íntegramente por plantas freatofitas. Según el Diccionario de la Real Academia los términos fuente y manantial son casi sinónimos, pero se tiende a considerar manantial a la surgencia natural y fuente a aquella otra que debe ser previamente acondicionada mediante diferentes obras e instalaciones.

Se han establecido clasificaciones diversas de los manantiales, en función del caudal que descarguen o del origen de las aguas que proporcionen.

Figura 2-4. Surgencia natural. Nacimiento del río Mundo (Albacete).

En general aparecerá un manantial en aquellas zonas y situaciones en las que el nivel freático quede por encima del nivel del terreno, lo cual puede ocurrir en valles en los que cambia bruscamente la pendiente, cuando se trate de terrenos que formen parte de un cono de deyección y el manantial sirva de drenaje al mismo, cuando los plegamientos de los estratos geológicos permitan la salida de aguas cuya recarga se encuentra muy lejos y por encima del manantial, etc.

2.2.2. Galerías y zanjas de drenaje

También denominadas túneles, minas o zimbras, constituyen uno de los métodos más antiguos de captación activa de aguas subterráneas. Básicamente consisten en un túnel con pendiente algo ascendente que se practica desde un punto situado en la proximidad de un cauce y que se interna hacia la montaña llegando a alcanzar el nivel freático, que suele fluir con menos pendiente que el terreno y se sitúa a algunos metros bajo él.

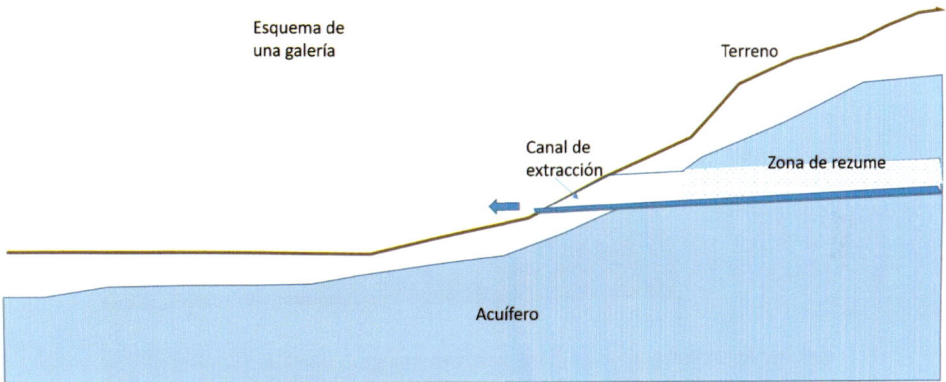

Figura 2-5. Esquema de una galería de captación.

Se conocen obras de este tipo, de gran antigüedad, en todo Oriente Medio, en donde se practicaban a mano y dejando a intervalos regulares pozos de ventilación, que se pueden ver desde el aire todavía. En Canarias son obras de gran importancia debido a las propiedades especiales de los acuíferos de origen volcánico. En algunos casos se practican para mejorar o recuperar un manantial pobre o que se ha perdido por descenso de los niveles.

El elevado coste de estas obras hace que sean sustituidas por captaciones horizontales (catas) o por zanjas de drenaje (cuando esto es posible).

2.2.3. Pozos

Desde muy antiguo se viene utilizando el agua subterránea para diferentes usos, de hecho, la práctica de utilizar manantiales naturales lleva rápidamente a la de excavar en torno a los mismos cuando una sequía los agota temporalmente. Por cuestiones constructivas estos primeros pozos debían tener un gran diámetro (entre 1 y 10 m) y se revestían de madera, piedra o ladrillo. Numerosos casos de este tipo de obras de captación pueden verse en las zonas agrícolas litorales, en donde el nivel freático estaba más cerca de la superficie.

Una obra de este tipo tiene una profundidad limitada, dadas las penosas condiciones de trabajo reinantes en su interior, por eso hasta épocas recientes no se había hecho un uso masivo de aguas situadas a mayor profundidad. No obstante, se tienen noticias de sondeos perforados y entubados mediante bambú realizados en la antigua China con profundidades notables.

Figura 2-6. Pozo clásico.

En la actualidad el método más frecuente para alcanzar el agua subterránea consiste en perforar un pozo de pequeño diámetro mediante máquinas especiales, denominado comúnmente sondeo. Para reducir costes el diámetro del sondeo deberá ser lo más pequeño posible, pero para disminuir las pérdidas de carga en la pared del mismo, deberá ser grande, con lo que se debe escoger una solución de compromiso.

2.3. Técnicas de perforación para la captación de aguas subterráneas

Se utilizan principalmente tres métodos: rotación, percusión y rotopercusión. El método de percusión es quizás el más antiguo de los utilizados. Consiste en que un útil de corte (trépano) golpea el fondo de la perforación y rompe la roca en fragmentos pequeños por efecto de la gravedad y otro útil (válvula o cuchara) limpia la zona. Es por lo tanto un procedimiento discontinuo especialmente recomendado para terrenos consolidados y ricos en agua ya que su gran lentitud lo hace caro, por otra parte, cuando atraviesa terrenos no consolidados es preciso entubar el sondeo simultáneamente a la perforación lo que retrasa aún más su avance.

El segundo método utilizado es el de rotación, en el que el trépano se hace girar mediante un vástago accionado desde la superficie. Este método trabaja en régimen continuo ya que el detritus producido se extrae de forma simultánea al avance de la perforación. Se pueden emplear dos métodos de extracción: por circulación directa e inversa.

En el caso de circulación directa se impulsa una suspensión de arcillas bentoníticas o algún tipo de fluidificante orgánico por el interior del varillaje que transmite el giro y al llegar al fondo asciende cargado de residuos hasta la superficie donde se decanta y reutiliza. En el caso de rotación inversa los lodos son inyectados por el exterior del varillaje y ascienden por el interior hacia la superficie en donde igualmente son decantados y reutilizados. En el método a circulación directa se necesita mayor cantidad de energía para la operación y pueden aparecer efectos indeseables de colmatación o sellado de la pared del sondeo, lo cual puede no ser perjudicial. Mediante el método de circulación inversa el diámetro de sondeo puede ser mayor y no se perjudican las propiedades hidráulicas de las paredes.

En general el método de rotación confiere cierta estabilidad a las paredes del sondeo, por lo que está recomendado para terrenos poco consolidados o pequeñas profundidades.

Existe un método intermedio entre los dos anteriores; se trata de la rotopercusión, que combina las propiedades de la percusión y de la rotación. El trépano golpea el fondo de la perforación y en cada golpe gira un cierto ángulo por lo que la fracturación de la roca es más completa al tiempo que los lodos son extraídos mediante un chorro de aire comprimido. Resulta el método más barato en terrenos duros o muy duros, aunque en cierta medida impermeabiliza las paredes del sondeo y cuando se alumbra el agua presenta dificultades para la extracción del detritus.

2.3.1. Desarrollo y terminación de un sondeo

Una vez perforado el acuífero es preciso realizar una serie de operaciones de desarrollo de la captación. En primer lugar, suele procederse a la limpieza de los lodos que eventualmente pudieran haber quedado en las paredes del sondeo. En ciertos materiales puede desarrollarse la red de captación mediante explosivos o por inyección de ácidos con una limpieza posterior, lógicamente.

Una vez desarrollado el pozo se procede a la colocación del macizo de grava y entubado. La misión del macizo de grava es disminuir la pérdida de carga en la zona en donde se colocará el grupo de bombeo. Las dimensiones del sondeo deberán tener en cuenta que la tubería de explotación debe ser introducida por el sondeo y con frecuencia son varios tramos con diámetros en escala telescópica.

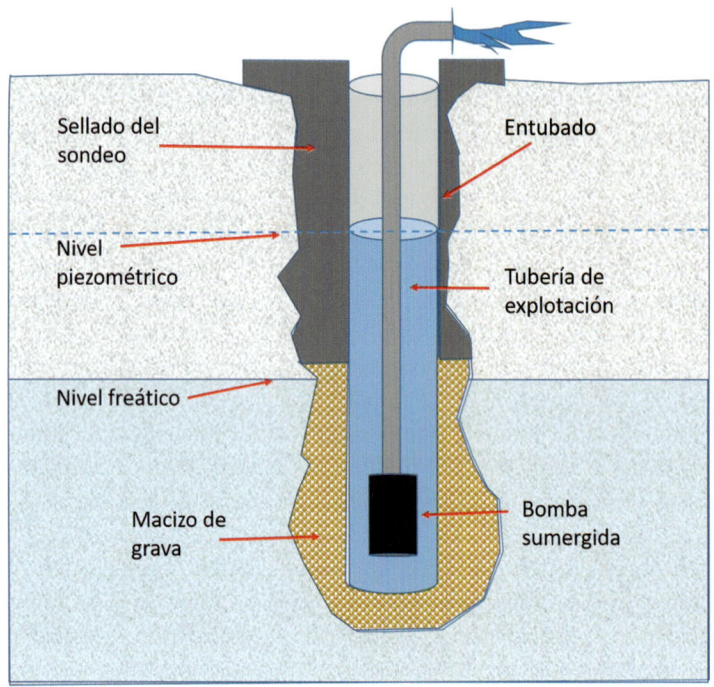

Figura 2-7. Instalación de un pozo.

La misión del entubado es la de consolidar las paredes del sondeo previniendo posibles desplomes del mismo. El entubado se colocará ciego en la parte que atraviese estratos poco interesantes o que carezcan de agua y será ranurado en la parte que alcanza el acuífero.

Una medida adicional es el sellado de la pared del pozo entre la pared de la perforación y el entubado, para evitar contaminaciones procedentes de aguas superficiales o la mezcla entre diferentes acuíferos que pudiese atravesar el sondeo.

2.4. Bibliografía

Heath, R. C. (1998). Basic ground-water hydrology (Vol. 2220). US Department of the Interior, US Geological Survey.

Hermosilla Pla, J., Iranzo García, E., Pascual Aguilar, J. A., Antequera Fernández, M., & Pérez Cueva, A. J. (2004). Las galerías drenantes de la provincia de Almería: análisis y clasificación topológica.

Custodio, E., y Llamas, M. R. (1983). Hidrología subterránea. Barcelona: Omega.

CAPÍTULO 3
Hidráulica de pozos

3.1. Introducción

La extracción de agua de un pozo se realiza mediante una bomba, impulsando el agua contenida en la tubería de explotación, que habrá pasado allí desde el acuífero a instancias del potencial gravitatorio casi exclusivamente. Cuando se impulsa el agua, el nivel desciende rápidamente ya que la velocidad de llenado desde el acuífero es baja y la velocidad de extracción suele ser elevada. La tubería de explotación se vacía rápidamente y se establece un desnivel entre el potencial del agua en dicha tubería y el potencial del agua en el acuífero. Esta diferencia de potencial provoca un flujo de agua hacia el pozo, que eventualmente acaba compensando el agua extraída con el agua entrante y así se podría llegar a un estado de equilibrio.

Como condición simplificadora se supone que el pozo perfora completamente el acuífero. Cabe distinguir dos tipos de extracción: desde un acuífero libre, y desde un acuífero cautivo. En el primer caso el nivel freático desciende al comenzar el bombeo y el valor máximo se alcanza en el interior del pozo, disminuyendo su magnitud en función de la distancia. Se denomina radio de influencia R, a la distancia a partir de la que este descenso es prácticamente nulo. Esta distancia depende de las características del pozo, acuífero y bombeo. Puesto que la superficie de los cilindros que conforman las sucesivas secciones de paso del agua en su camino hacia el pozo, son cada vez menores, la velocidad será cada vez mayor para satisfacer un mismo caudal Q, extraído. Como existe una proporcionalidad entre la velocidad u y el gradiente hidráulico Δh (ley de Darcy) se puede concluir que la superficie libre adoptará una forma acampanada (embudo de depresión).

Cuando se trata de un acuífero cautivo se puede describir la extracción en los mismos términos, pero en este caso no se produce un descenso en el nivel freático sino solo en el nivel piezométrico.

Además, el nivel del agua en el interior del pozo suele ser algo menor debido a la formación de una superficie de goteo o rezume, cuya extensión se suele calcular mediante fórmulas empíricas. Por otro lado, diferentes circunstancias constructivas del pozo pueden hacer que, en las proximidades del mismo aparezcan pérdidas de carga en el potencial del acuífero. La evaluación de las mismas es complicada y en este curso se considerará que están, junto con la superficie de goteo, englobadas en un término que denominaremos pérdida de carga en la pared del pozo, cuya estimación será empírica, a partir de ensayos de bombeo.

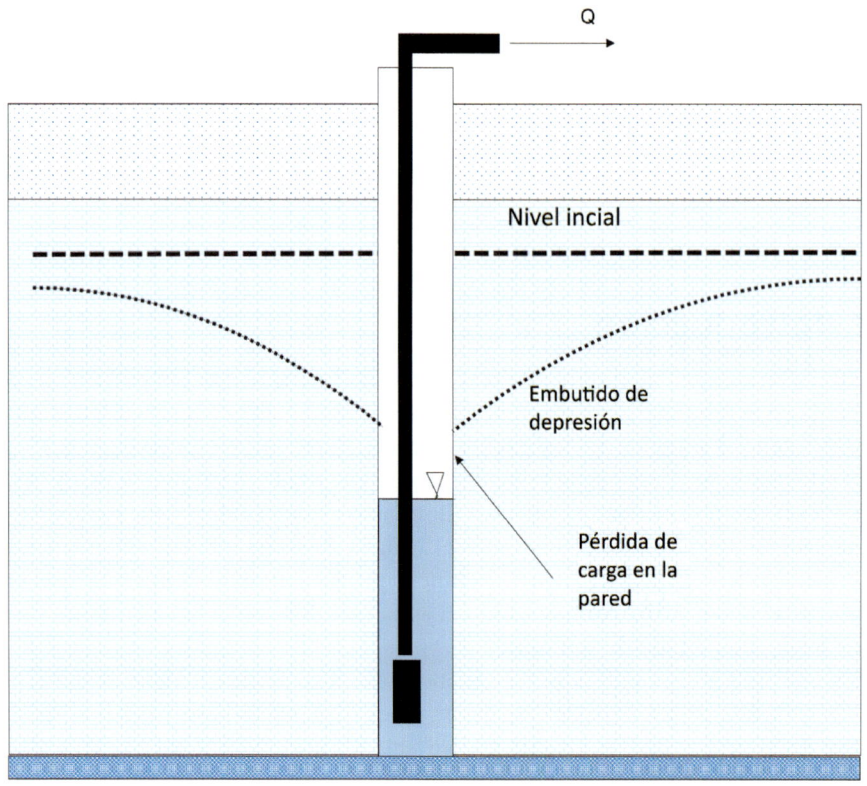

Figura 3-1. Embudo de depresión en torno a un pozo.

Desde un punto de vista teórico el agua en un acuífero libre procede del drenaje de una zona del acuífero y se caracteriza por la porosidad eficaz V, mientras que en un acuífero cautivo se habla de un coeficiente de almacenamiento S, de análogo significado físico.

Por su parte las captaciones horizontales incluyen tanto las obras de captación propiamente dichas (zanjas, drenes, etc.) como de recarga, sean estas naturales o artificiales (ríos, acequias, etc.) ya que estas pueden considerarse como un drenaje negativo.

El caudal extraído se designará como Q, aunque es relativamente frecuente trabajar con el caudal específico q = Q/l, caudal por unidad de longitud de captación.

3.2. Régimen permanente en pozos

Para estudiar este problema se parte de la ecuación de Darcy, considerando que ya se ha alcanzado un equilibrio en el que al agua extraída por el pozo se aporta desde el acuífero, supuesto este infinito, isótropo y el pozo completamente penetrante, se establece que:

$$Q = d\omega \cdot v = 2\pi \cdot r \cdot k \cdot \frac{dh}{dr} \qquad [ec\ 3\text{-}1]$$

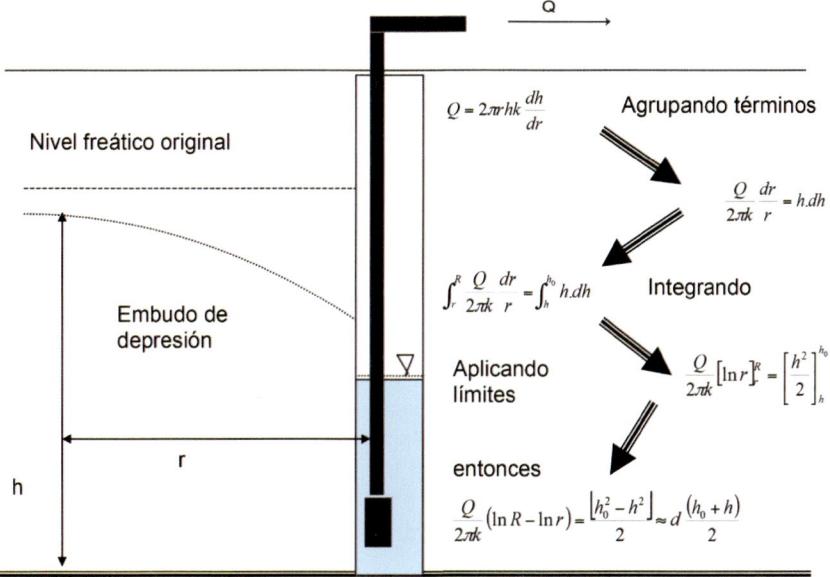

Figura 3-2. Deducción de la expresión de Dupuit para acuíferos libres.

La expresión (ec 3-1) se puede integrar separando las variables r y h, y estableciendo los límites (r-R) y (h-h_0) para cada variable respectivamente.

En el caso de un acuífero libre h es función de la distancia y se llega a la expresión de Dupuit (1863),

$$Q = \pi \cdot k \cdot \frac{h_0^2 - h^2}{Ln\left(R/r\right)} \qquad [ec\ 3\text{-}2]$$

donde se puede calcular la altura del nivel freático h a partir del nivel inicial h_0, el radio de influencia R, la permeabilidad k, el caudal extraído Q y la distancia a la que se desea conocer el valor, r.

▮ EJEMPLO 3-1 ▬▬▬▬▬▬▬

Determinar la permeabilidad, trasmisibilidad y radio de influencia de un pozo de 2 m de diámetro, en el que se ha alcanzado el equilibrio con unas extracciones de Q = 788 m³/día, si el acuífero es libre y de espesor saturado inicial h_0 = 150 m, conocidos los descensos producidos en una serie de piezómetros situados a diferentes distancias.

r(m)	1	6	11	40	100	300
d(m)	13,5	8	5,8	4,5	3,9	2,4

Puesto que el acuífero es libre y se ha alcanzado el estado de equilibrio es posible utilizar la ec 3-1 y en esta expresión podemos trabajar para obtener el descenso producido a una determinada distancia.

El descenso será d = h_0-h

y suponiendo que es nulo, a la distancia denominada radio de influencia.

Desarrollando la expresión (ec 3-2) se obtiene:

$$d(2h_0 - d) = \frac{Q}{\pi k} Ln(R) - \frac{Q}{\pi k} Ln(r)$$

Vemos pues que las variables r y d(2h_0-d) se relacionan de forma lineal y sería posible hallar k a partir de los parámetros de una regresión lineal.

Es preciso descartar para esta regresión el primer punto, que se aleja bastante de la alineación recta y si fuera preciso descartar un segundo punto, se debería hacer. En la tabla adjunta pueden apreciarse los cálculos realizados.

r(m)	d(m)	ln(r)	d(2h_0-d)
1	13,5	0,00	3.867,75
6	8,0	1,79	2.336,00
11	5,8	2,39	1.706,36
40	4,5	3,68	1.329,75
100	3,9	4,60	1.154,79
300	2,4	5,70	714,24

Con las variables seleccionadas se obtienen unos coeficientes m = −370,88 y B = 2.797,33, que comparados con los valores teóricos de la expresión permiten despejar,

k = 7,75 × 10⁻⁶ m/s y R = 1.886,04 m

y de ahí es fácil hallar Tr = k.h_0 = 0,001174 m²/s = 101,43 m²/día.

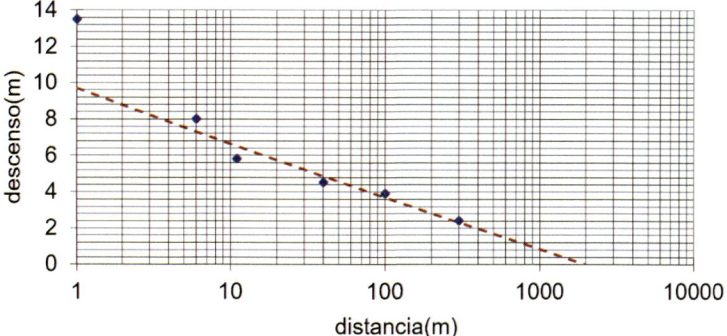

En el caso de un acuífero confinado la expresión de partida es:

$$Q = d\omega \cdot v = 2\pi r \cdot H \cdot k \cdot (dh/dr)$$

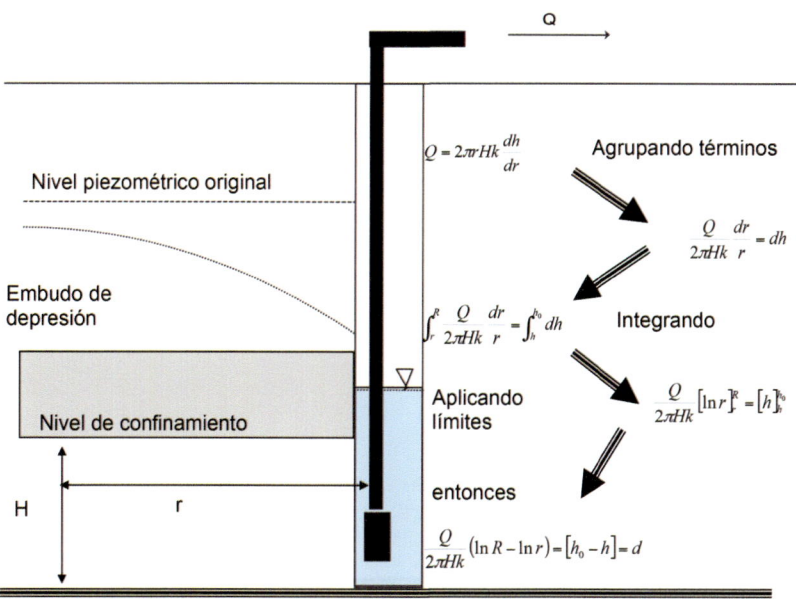

Figura 3-3. Deducción de la expresión de Thiem para acuíferos confinados.

En donde h_0 es constante, lo que proporciona una solución diferente al caso anterior conocida como expresión de Thiem (1906):

$$Q = 2\pi \cdot k \cdot H \cdot \frac{d}{Ln\left(\frac{R}{r}\right)}$$ [ec 3-3]

permite conocer directamente el descenso esperado en función del caudal, radio de influencia y espesor saturado del acuífero.

◼ EJEMPLO 3-2 ▇▇▇▇▇▇▇▇

Determinar la permeabilidad, transmisibilidad y radio de influencia de un pozo de diámetro 2m, en el que se ha alcanzado el equilibrio, con unas extracciones de Q = 500 m³/día, si el acuífero es confinado y de espesor saturado h_0 = 100 m, conocidos los descensos producidos en una serie de piezómetros situados a diferentes distancias.

r(m)	1	6	11	40	100	300
d(m)	13,5	8	5,8	4,5	3,9	2,4

Puesto que el acuífero es confinado y se ha alcanzado el estado de equilibrio es posible utilizar la fórmula (ec 3-3), en la que se puede trabajar para obtener el descenso producido a una determinada distancia. El descenso será d = h_0-h , y suponiendo que en el punto R, radio de influencia, d = 0, entonces.

$$d = \frac{Q}{2\pi T_r}Ln(R) - \frac{Q}{2\pi T_r}Ln(r)$$

Vemos pues que las variables r y d se relacionan de forma lineal y sería posible hallar Tr a partir de los parámetros de una regresión lineal.

Al representar los puntos en diagrama logarítmico se hace preciso descartar para la regresión el primer punto, que se aleja bastante de la alineación recta y si fuera preciso descartar un segundo punto, se debería hacer.

Con las variables seleccionadas se obtienen unos coeficientes m = −1,279 y B = 9,575, que comparados con los valores teóricos de la expresión permiten despejar.

k = $7,19 \times 10^{-6}$m/s, R = 1776,08 m y Tr = k.h_0 = $7,19 \times 10^{-4}$m²/s = 62,184m²/dia.

Por otro lado, es posible estimar la pérdida de carga que se produce en la pared del sondeo hallando el descenso teórico para r = 1 m, radio del mismo y comparándolo con el descenso medido, de esta forma se obtiene Hfp = 3,925 m.

r(m)	d(m)	ln(x)	d, est,(m)
1	13,5	0,00	9,57
6	8,0	1,79	7,28
11	5,8	2,39	6,50
40	4,5	3,68	4,85
100	3,9	4,60	3,68
300	2,4	5,70	2,27

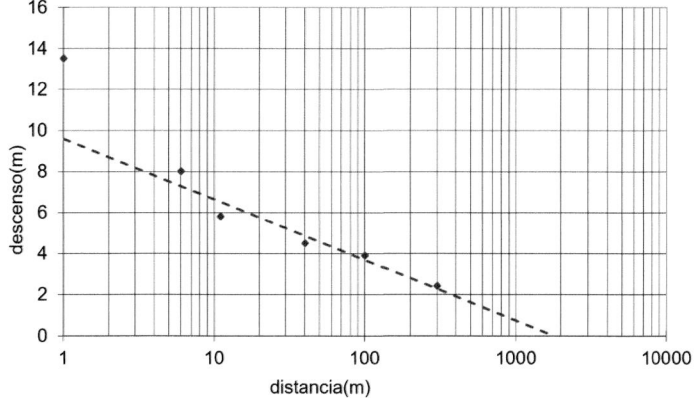

3.3. Régimen variable en pozos

En principio la teoría del régimen variable puede ser aplicada a los dos casos estudiados de acuífero, pero su aplicación en acuíferos libres solo será fiable cuando los descensos sean pequeños.

Aplicando relaciones sobre la transmisión del calor se puede obtener una expresión que relaciona los descensos producidos en función del caudal extraído, del tiempo y de determinados parámetros del acuífero (Theis, 1935).

$$d = \frac{Q}{4\pi T_r} \int_u^\infty \frac{e^{-u}}{u} du \ \text{ con } \ u = \frac{r^2 S}{4T_r t} \qquad\qquad \text{ec 3-4}$$

La función que resulta de operar con la integral descrita se denomina función de pozo W(u) y no tiene solución analítica, aunque su solución numérica aproximada puede obtenerse mediante desarrollos en serie.

$$W(u) = -0.577216 - Ln(u) + u - \frac{u^2}{2.2!} + \frac{u^3}{3.3!} - \dots \qquad\qquad \text{ec 3-5}$$

La resolución numérica de la serie representada en la (ec 3-5) es relativamente simple para valores de descenso esperado de cierta magnitud. Cuando los descensos son pequeños, como es el caso de puntos muy alejados del pozo o tiempos muy pequeños, los valores de u son relativamente grandes y entonces es necesario sumar un gran número de términos de la serie. Para este caso es útil la utilización de programas informáticos.

3.3.1. Función de pozo

```
Function W(u)
Sum = -0.577216 - Log(u) + u
fac = 1
Err = 1
i = 2
Do Until Err < = 0.00001
sig = (-1) ^ (i + 1)
fac = fac * i
Err = sig * (u ^ i) / (i * fac)
Sum = Sum + Err
i = i + 1
If (i > 100000) Then GoTo 10
Loop
10 W = Sum
End Function
```

Para valores de u cercanos a 1, es posible que sea necesario calcular factoriales tan altos que generen problemas de redondeo y en este caso es útil simplificar el término genérico como función del término anterior. Se puede comprobar que:

$$t_n = \frac{u^n}{n \cdot n!} = \frac{(n-1) \cdot u}{n^2} \cdot \frac{u^{n-1}}{(n-1) \cdot (n-1)!} = \frac{(n-1) \cdot u}{n^2} t_{n-1}$$

El programa correspondiente a este caso sería.

3.3.2. Función de pozo 2

```
Function Wp(u)
fac = 2
Err = 1
tn = -u * u / 2 / 2
i = 3
Sum = -0.577216 - Log(u) + u + tn
Do Until Err < = 0.00001
sig = (-1) ^ (i + 1)
tn = (i - 1) * u / (i * i) * tn
Err = sig * tn
Sum = Sum + Err
i = i + 1
If (i > 10000) Then GoTo 10
Loop
10 Wp = Sum
End Function
```

La forma tradicional de representar la función de pozo es en un doble eje logarítmico con la abscisa representando 1/u

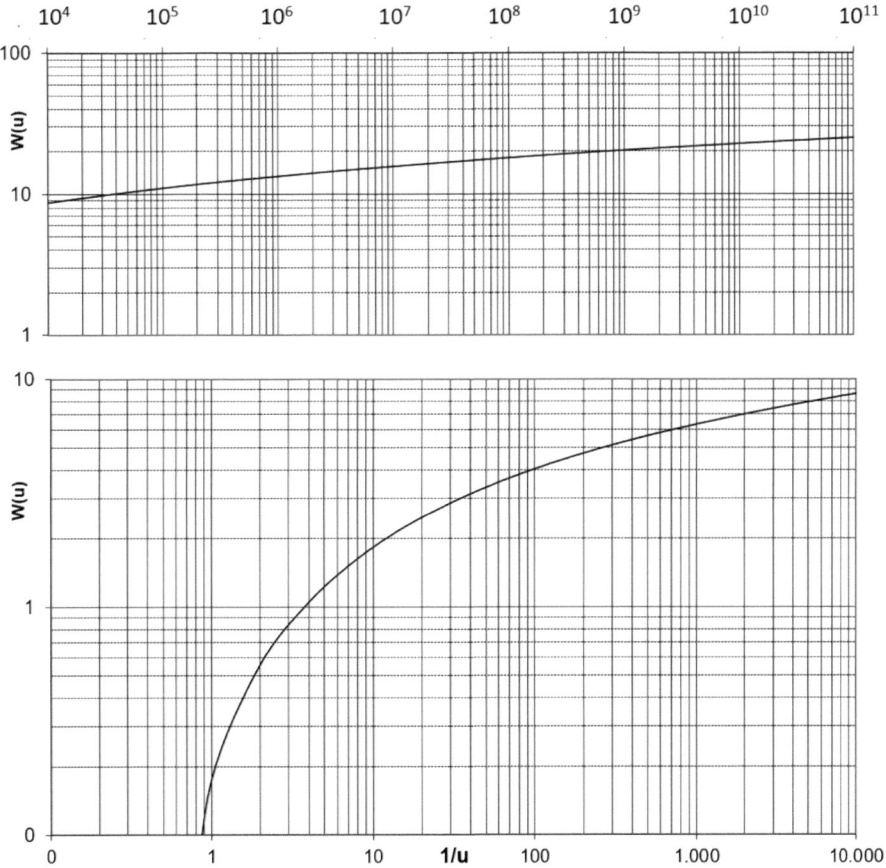

Figura 3-4. Función de pozo en forma gráfica.

En la práctica (aproximación de Jacob) puede considerarse que la función de pozo es suficientemente precisa considerando solamente los tres primeros términos si u es pequeño (t grande o r pequeño). En general, para valores de u menores de 1×10^{-2} el descenso puede expresarse como:

$$d = \frac{Q}{4\pi T}\left[-0.5772 - \ln\left(\frac{r^2 S}{4Tt}\right)\right] \qquad \text{[ec 3-6]}$$

que permite considerar las variables descenso y Ln(t) como relacionadas linealmente y obtener los parámetros del acuífero a partir de los coeficientes de ajuste de la correspondiente recta de regresión.

EJEMPLO 3-3

Conocida una serie de descensos registrados a r = 300 m de un pozo que extrae Q = 500 l/s, determinar los parámetros del acuífero; transmisibilidad y coeficiente de almacenamiento.

t(h)	1,9	2,1	2,4	2,9	3,7	4,9	7,3
d(m)	,28	,30	,37	,42	,50	,61	,80
t(h)	9,8	12,2	14,7	16,3	18,4	21,0	24,4
d(m)	1,09	1,25	1,40	1,50	1,60	1,70	1,80

Como se observa que los tiempos son largos al final de la serie, puede emplearse la simplificación de Jacob (ec 3-6). El descenso es, bajo este supuesto, una función lineal del logaritmo del tiempo y podemos obtener los parámetros del acuífero mediante una regresión lineal de los datos.

t(h)	Ln(t)	d (m)	d est(m)	t(h)	Ln(t)	d (m)	d est(m)
1,9	8,83	0,28	-0,29	9,8	10,47	1,09	1,06
2,1	8,93	0,30	-0,20	12,2	10,69	1,25	1,24
2,4	9,06	0,37	-0,09	14,7	10,87	1,40	1,40
2,9	9,25	0,42	0,05	16,3	10,97	1,50	1,48
3,7	9,49	0,50	0,26	18,4	11,10	1,60	1,58
4,9	9,77	0,61	0,49	21,0	11,23	1,70	1,69
7,3	10,17	0,80	0,82	24,4	11,38	1,80	1,82

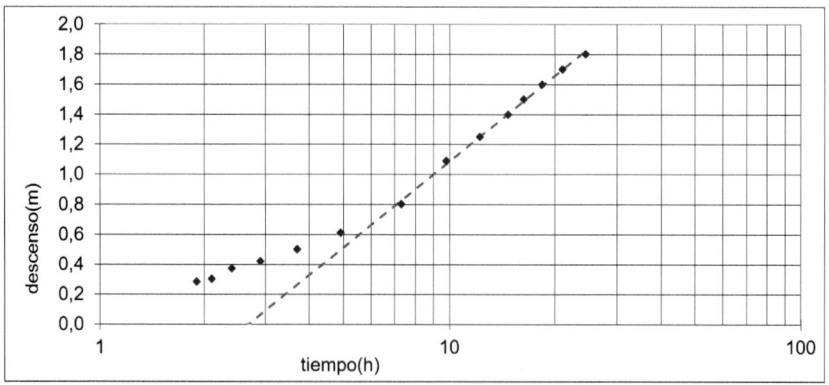

Para hacer la regresión solo se utilizan los puntos que parecen alinearse en el gráfico logarítmico, y en este caso los coeficientes obtenidos son: m = 0,8277 y B = -7,600. Con estos coeficientes pueden despejarse los valores de la transmisibilidad T = 0,048 m²/s y del coeficiente de almacenamiento S = 0,01165

Trabajando con la expresión del descenso en función de W(u) se puede observar que:

$$\log(d) = \log\left(\frac{Q}{4\pi T_r}\right) + \log(W(u))$$ [ec 3-7]

$$\log(t) = \log\left(\frac{r^2 S}{4 T_r}\right) + \log\left(\frac{1}{u}\right)$$ [ec 3-8]

que puede interpretarse como si las variables log(d), log(W(u)) y log(t), log(1/u) tuviesen la misma forma gráfica, pero con un desfase producido por un cambio del centro de referencia. Con esta información puede establecerse la correspondiente analogía y obtenerse los valores de los parámetros Tr y S, promedio para una secuencia de bombeo, (método del traslado de ejes de referencia).

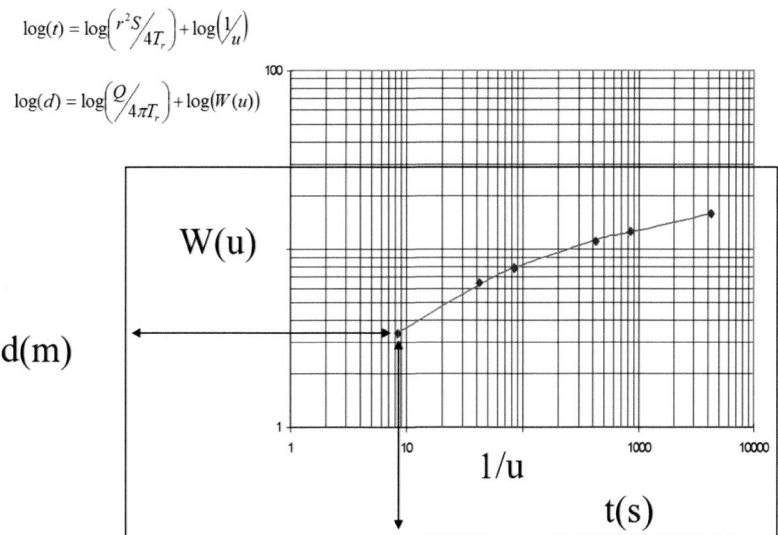

Figura 3-5. Resolución gráfica mediante traslado de ejes de referencia.

Esta solución era práctica cuando el uso de ordenadores no estaba generalizado. Actualmente, es preferible utilizar un esquema de optimización para el cálculo de los parámetros.

Para implementar este esquema, basta con estimar de forma aproximada, bien de fuentes bibliográficas o de medidas cercanas, unos valores iniciales para la transmisibilidad y para el coeficiente de almacenamiento. Con estos valores se calculan los descensos para las mismas condiciones que se produjeron durante las medidas que servirán para ajustar el proceso. Se debe determinar un parámetro de ajuste entre los valores medidos y los calculados, como por ejemplo la suma de errores al cuadrado. Entonces se utilizará alguna rutina de optimización que determine los valores de transmisibilidad y coeficiente de almacenamiento que hacen mínima la suma de errores al cuadrado.

EJEMPLO 3-4

Sea una serie de datos de descenso medido para unos tiempos determinados de extracción. La distancia de medida fue de 75 m y el caudal Q = 500 l/s. Determinar los valores más probables de transmisibilidad y coeficiente de almacenamiento de ese acuífero.

t(h)	t(seg)	d(m)	t(h)	t(seg)	d(m)
1,9	6.840	0,350	9,8	35.280	1,090
2,1	7.560	0,360	12,2	43.920	1,250
2,4	8.640	0,390	14,7	52.920	1,400
2,9	10.440	0,430	16,3	58.680	1,500
3,7	13.320	0,550	18,4	66.240	1,600
4,9	17.640	0,650	21,0	75.600	1,700
7,3	26.280	0,850	24,4	87.840	1,800

Para resolver este caso hay que proponer dos valores aproximados y representar el resultado previsto y el medido.

Podríamos empezar con Tr = 0,5 m²/s y S = 0,1

El resultado es

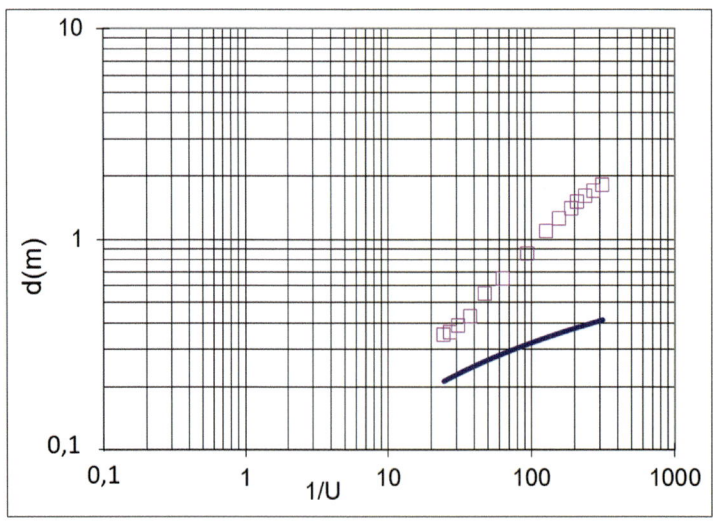

Como vemos, la secuencia es parecida pero desfasada.

Se plantea el cálculo de la diferencia entre la serie medida y simulada:

t(h)	t(s)	u	1/u	d estimado(m)	d medido(m)	Error²
1,9	6840	0,041	24,320	0,211	0,350	0,01924
2,1	7560	0,037	26,880	0,219	0,360	0,01990
2,4	8640	0,033	30,720	0,229	0,390	0,02586
2,9	10440	0,027	37,120	0,244	0,430	0,03466
3,7	13320	0,021	47,360	0,263	0,550	0,08252
4,9	17640	0,016	62,720	0,285	0,650	0,13346
7,3	26280	0,011	93,440	0,316	0,850	0,28517
9,8	35280	0,008	125,440	0,339	1,090	0,56369
12,2	43920	0,006	156,160	0,357	1,250	0,79832
14,7	52920	0,005	188,160	0,371	1,400	1,05830
16,3	58680	0,005	208,640	0,379	1,500	1,25565
18,4	66240	0,004	235,520	0,389	1,600	1,46642
21	75600	0,004	268,800	0,400	1,700	1,69125
24,4	87840	0,003	312,320	0,411	1,800	1,92816

La suma de errores al cuadrado resulta 9,36.
Se plantea un esquema que haga mínima la suma del error al cuadrado cambiando Tr y S.
El sistema encuentra una solución para Tr = 0,0004506985 m²/s, S = 0,225672.
Y las series quedan como:

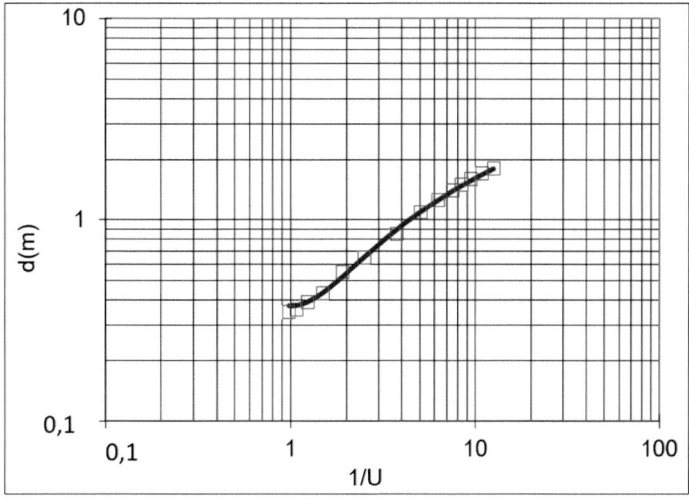

Con una suma de errores de 0,0069.

3.4. Superposición de soluciones

Para descensos pequeños se puede considerar que se cumple el principio de superposición. Es decir, que se podría conocer el descenso conjunto de dos o más pozos, bombeando cada uno unas condiciones de funcionamiento (caudal, tiempo de funcionamiento, pérdidas de carga, etc.) diferentes sin más que superponer convenientemente las soluciones parciales de cada uno en el acuífero en cuestión. En realidad, el mencionado teorema no se cumple completamente ya que las condiciones del acuífero pueden variar por efecto de los descensos producidos en los pozos cercanos. Baste recordar que la transmisibilidad es producto de la permeabilidad, que, si es una propiedad bastante estable del medio, por el espesor saturado. Si los descensos son muy acusados, la transmisibilidad disminuirá generando cierta imprecisión en las estimaciones. No obstante lo anterior, se suele hacer abstracción de este particular siempre que dichos descensos no sean muy acusados.

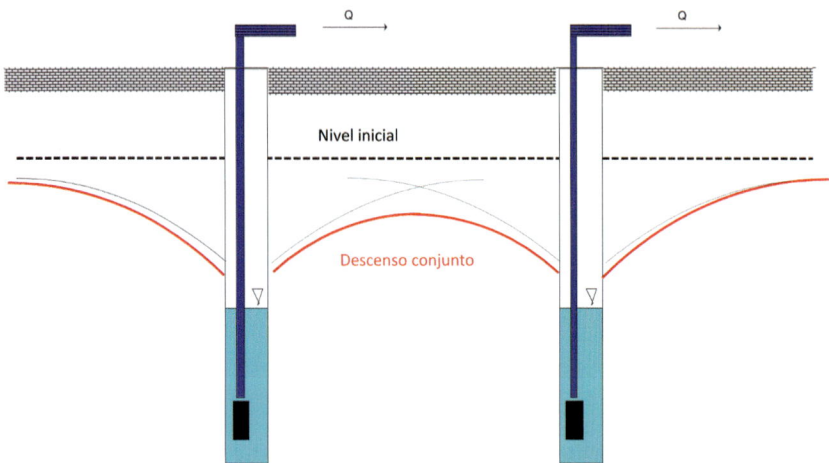

Figura 3-6. Superposición de soluciones para dos pozos.

EJEMPLO 3-5

Sean dos pozos iguales, de diámetro 40 cm, situados a L = 100 m uno de otro, bombeando ambos un caudal de Q = 9 l/s, en un acuífero de Tr = 480 m²/h y S = 0,001, si la pérdida de carga en la pared del mismo es de Hfp = 4 m, determinar el descenso conjunto provocado por los pozos en:

- *Un punto intermedio, a las 2 horas.*
- *Un punto a 25 m hacia el exterior de uno de ellos, a las 4 horas.*
- *Uno de los pozos a la hora de funcionamiento.*

Se va a utilizar la fórmula de Theis (ec 3-4) , para determinar el descenso en régimen variable.

$$d = \frac{Q}{4\pi T_r} w(u) \text{ con } u = \frac{r^2 S}{4T_r t}$$

El valor de la función de pozo puede ser encontrado en el diagrama correspondiente (Figura 6-1) o mediante el desarrollo en serie de (ec 3-5).

El primer caso precisa solamente determinar un descenso ya que, al tratarse del punto intermedio, equidista de cada pozo y por lo tanto el descenso conjunto será el doble del descenso individual.

u(t = 2h, r = 50 m) = 0,00065
w(u) = 6,76
d = 0,036 m, por lo tanto, el descenso conjunto será dc = 0,072 m

En el segundo caso, el descenso conjunto se obtendrá de sumar el que produce un pozo a 25 m de distancia y el que produce el otro a 125 m

u(t = 4h, r = 25 m) = 8,13 x10^{-5}, w(u) = 8,839, d = 0,047 m
u(t = 4h, r = 125 m) = 0,00203 , w(u) = 5,62 , d = 0,030 m

por lo que en este caso el descenso conjunto será de D = 0,077 m.

En el caso c, descenso en uno de los pozos, el descenso conjunto será consecuencia del ocasionado por el propio pozo, el ocasionado por el otro pozo y la pérdida de carga que se produce en la pared del sondeo. Existe el problema de que no se puede determinar un descenso a distancia nula, por lo que se calculará en el límite del acuífero con el pozo, esto es r = radio del pozo.

u (t = 1h, r = 0,2) = 2,08 x 10^{-8}, w(u) = 17,10, d = 0,091 m
u (t = 1h, r = 100) = 0,0052 , w(u) = 4,68 , d = 0,025 m
Hfp = 4 m.

por lo que el descenso conjunto será de dc = 4,117 m.

Otro interesante campo de aplicación de esta técnica es el estudio de condiciones de contorno fijas tales como ríos, embalses, límites impermeables. En el caso de un límite de nivel constante se considera como si a igual distancia entre el pozo y el citado límite pero en sentido opuesto hubiese otro de idénticas características pero actuando como recarga, es lo que se denomina *pozo espejo,* al superponer ambas soluciones quedaría siempre estabilizado el nivel en el punto requerido. En el caso de un límite impermeable se considerará la existencia de un pozo espejo que trabaja de modo idéntico al original.

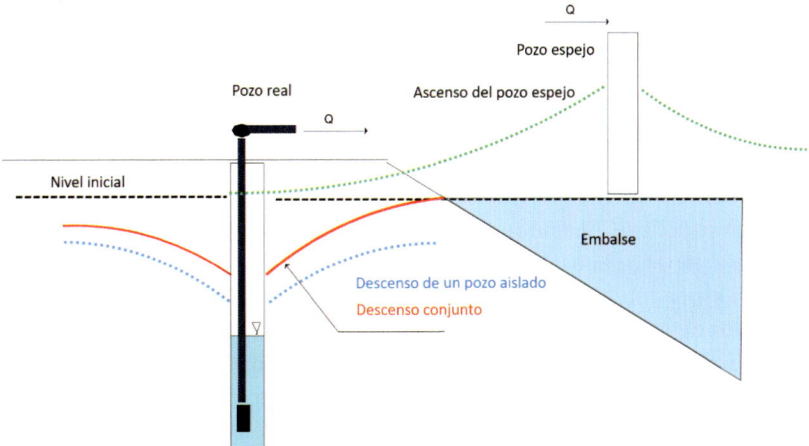

Figura 3-7. Superposición de soluciones entre un pozo y una masa grande de agua.

▮ EJEMPLO 3-6 ▮

Sea un pozo de 40 cm de diámetro, situado a 200 m de un embalse bombeando un caudal de Q = 200 l/s, en un acuífero de Tr = 480 m²/h y S = 0,001. Si la pérdida de carga en la pared del mismo es de Hfp = 4 m, determinar el descenso provocado por el pozo en:

- *Un punto intermedio, a las 2 horas.*
- *Un punto a 100 m hacia el exterior del pozo, a las 4 horas.*
- *Dentro del pozo a la hora de funcionamiento.*

Se va a utilizar la fórmula (ec 3-4) para determinar el descenso en régimen variable. El valor de la función de pozo puede ser encontrado en el diagrama correspondiente, mediante el desarrollo en serie de (ec 3-5) o mediante la Tabla 6-1.

La influencia del embalse consiste en mantener constante el nivel piezométrico en su orilla. Este fenómeno se puede estudiar mediante la técnica del pozo espejo, que consiste en suponer una recarga de la misma magnitud que la extracción en un punto distante del pozo el doble de la distancia entre el mismo y el embalse y en el sentido de aquel.

Este primer caso precisa determinar el descenso producido por el pozo a r = 100 m y el ascenso producido por el pozo espejo a r = 300 m:

u(t = 2h, r = 100 m) = 0,0026, w(u) = 5,376, d = 0,641 m
u(t = 2h, r = 300 m) = 0,0234, w(u) = 3,199, a = 0,382 m

por lo tanto, el descenso conjunto será dc = d-a = 0,259 m

En este caso el descenso conjunto se obtendrá de sumar el que produce el pozo a 100 m de distancia y el ascenso a 500 m:

u(t = 4h, r = 100 m) = 0,0013, w(u) = 6,067, d = 0,724 m
u(t = 4h, r = 500 m) = 0,0325, w(u) = 2,880, a = 0,343 m

por lo que en este caso el descenso conjunto será de dc = d-a = 0,380 m

En el pozo el descenso será consecuencia del ocasionado por el propio pozo menos el ascenso ocasionado por el pozo espejo más la pérdida de carga que se produce en la pared del sondeo. Existe el problema de que no se puede determinar un descenso a distancia nula, por lo que se calculará en el límite del acuífero con el pozo, esto es r = D/2, radio del pozo:

u(t = 1h, r = 0,2) = 2,08 x 10⁻⁸, w(u) = 17,10, d = 2,042 m
u(t = 1h, r = 400) = 0,08333 , w(u) = 1,989, d = 0,237 m
Hfp = 4 m

por lo que el descenso conjunto será de dc = d-a + Hfp = 5,804 m

Un caso frecuente en el estudio de aguas subterráneas es el de la recuperación de los niveles piezométricos en un pozo que ha estado realizando extracciones durante un cierto tiempo y luego se detiene. El enfoque de la solución consiste en suponer que la extracción continúa pero a partir de la parada real del pozo se realiza una recarga de la misma magnitud, con este procedimiento los descensos son rápidamente compensados por los ascensos procedentes de esta recarga y, si bien en teoría nunca se llega a recuperar de todo el nivel, en la práctica se puede imponer un condición de finalización del estudio.

Puesto que se trata habitualmente de tiempos muy largos es posible aplicar la simplificación de Jacob, de modo que operando con la función de pozo queda el descenso residual, d_r en función de t, tiempo de bombeo y t', tiempo de recuperación.

$$d_r = \frac{Q}{4\pi \cdot T_r}(W(u_1) - W(u_2)) \cong \frac{Q}{4\pi \cdot T_r}\ln\left(\frac{t+t'}{t'}\right) \qquad \text{[ec 3-9]}$$

EJEMPLO 3-7

Sea un pozo del que se extraen Q = 150 l/s durante t = 6 h. Se miden los descensos residuales en función del tiempo una vez que se detiene el bombeo. Determinar la transmisibilidad de este acuífero.

t´(s)	4943	8504	12343	24000	52682
dr (m)	4,5	3,5	2,8	1,7	1,0

Puesto que se trata de tiempos largos se puede utilizar la simplificación de Jacob. El planteamiento del problema consiste en suponer que el ascenso de niveles a consecuencia de una parada en las extracciones se puede simular mediante la descomposición del problema en otros dos más simples. En este caso se supone que el bombeo continúa al mismo ritmo y que cuando se decide parar se inicia una recarga de la misma cuantía que la extracción y en el mismo punto, con lo cual el caudal extraído neto es nulo. Los niveles piezométricos se obtienen al superponer las dos curvas resultantes en cada instante y esto puede formularse como se expresa en la ecuación (ec 3-9) y entonces:

t(")	Ln(t + t'/t')	(t + t')/t'	dr med	dr est
4943	1,68	5,36	4,5	4,54
8504	1,26	3,53	3,5	3,43
12343	1,01	2,74	2,8	2,76
24000	0,64	1,90	1,7	1,77
52682	0,34	1,41	1,0	0,98

Se puede constatar que las variables dr y Ln(t + t'/t') están relacionadas mediante una función lineal, por lo que se puede hacer una regresión y obtener las constantes que acompañan dicha recta. En la tabla adjunta aparecen los cálculos realizados.

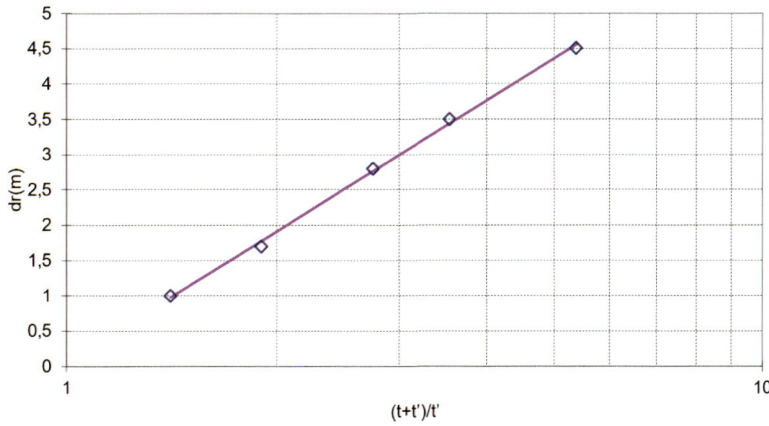

Los parámetros de la regresión fueron: m = 2,66 y B = 0,0639, lo que permite obtener Tr = 0,004475 m²/s.

3.5. Problemas propuestos

1. *Determinar la permeabilidad, transmisibilidad, pérdida de carga y radio de influencia de un pozo en el que se ha alcanzado el equilibrio con unas extracciones de Q = 500 m³/día, si el acuífero es libre y de espesor saturado inicial h_0 = 100 m, conocidos los descensos a diferentes distancias.*

r(m)	1	6	11	40	100	300
d(m)	13,5	8	5,8	4,5	3,9	2,4

Sol: k = 7,5830 × 10⁻⁶ m/s, T_r = 7,583 × 10⁻⁴ m²/s, Hfp = 3,83 m, R = 1946,7 m

2. *Determinar la permeabilidad, transmisibilidad, pérdida de carga y radio de influencia de un pozo en el que se ha alcanzado el equilibrio con unas extracciones de 788 m³/día, si el acuífero es confinado y de espesor saturado H = 100 m, conocidos los descensos a diferentes distancias.*

r(m)	1	6	11	40	100	300
d(m)	13,5	8	5,8	4,5	3,9	2,4

Sol: k = 1,1343 × 10⁻⁵ m/s, T = 98 m²/día, Hfp = 3,92 m, R = 1776,1 m

3. *Determinar la transmisibilidad y coeficiente de almacenamiento de un acuífero si mediante el pozo se realizan unas extracciones de Q = 800 l/s, conocidos los descensos a r = 100 m.*

t(h)	1,9	2,1	2,4	2,9	3,7	4,9	7,3
d(m)	,28	,30	,37	,42	,50	,61	,80
t(h)	9,8	12,2	14,7	16,3	18,4	21,0	24,4
d(m)	1,09	1,25	1,40	1,50	1,60	1,70	1,80

Sol: T_r = 0,0769 m²/s, S = 0,1678

4. *Determinar la transmisibilidad y coeficiente de almacenamiento de un acuífero si mediante el pozo se realizan unas extracciones de Q = 500 l/s, conocidos los descensos a r = 300 m, utilizando el método de la superposición.*

t(h)	1,9	2,1	2,4	2,9	3,7	4,9	7,3
d(m)	,28	,30	,37	,42	,50	,61	,80
t(h)	9,8	12,2	14,7	16,3	18,4	21,0	24,4
d(m)	1,09	1,25	1,40	1,50	1,60	1,70	1,80

Sol: T_r = 0,049 m²/s, S = 0,012

5. *Determinar la transmisibilidad de un acuífero mediante un ensayo de recuperación desde un pozo que ha extraído Q = 500 l/s durante 24 horas, conocidos los niveles piezométricos durante la misma.*

t(h)	1	2	3	4	6	8	12	24
dr(m)	,92	,80	,71	,65	,56	,55	,47	,41

Sol: Tr = 0,1909 m²/s

6. *Determinar el descenso residual que se espera en un pozo al cabo de 5 horas de recuperación, después de una explotación de Q = 100 l/s durante t = 6 horas, si tiene un diámetro 0,4 m, la transmisibilidad del acuífero es Tr = 20,8 m²/h y el coeficiente de almacenamiento es de S = 0,0001.*
Sol: dr = 1,08 m

7. *Dados dos pozos iguales de diámetro 0,4 m. separados L = 100 m, que extraen cada uno Q = 9 l/s y presentan una pérdida de carga Hfp = 4m, perforados en un acuífero de transmisibilidad Tr = 480m²/h y coeficiente de almacenamiento S = 0,001, determinar el descenso conjunto en un punto situado a 25 m de uno de ellos y 75 m del otro, al cabo de 3 horas. Calcular el descenso a r = 25 m de uno de ellos si estuviese solo y a L = 50 m hubiese un embalse, al cabo de 4 horas.*
Sol: dc = 0,08 m, de = 0,011 m.

3.6. Ejercicios complementarios

1. *Determinar el descenso esperado, en régimen de equilibrio, para un punto situado a 500 m de un pozo que bombea 30 l/s de forma constante y está abierto en un acuífero confinado de transmisibilidad Tr = 500 m²/día y espesor saturado h_0 = 35m, si el radio de influencia estimado es de R = 2.500 m, ¿y si el acuífero fuese libre?*

   a) Aplicando la expresión del descenso en régimen de equilibrio para acuíferos confinados, con r = 500 m, se obtiene que d = 1,328 m.
   b) Se aplica en este caso la expresión correspondiente a los acuíferos libres y se puede despejar h, para las condiciones dadas. Resulta, en este caso, un valor h = 33,646 m, de donde se deduce que el descenso.

$$d = h_0 - h = 1,354 \text{ m}$$

2. *Conocida una serie de descensos registrados a r = 10 m de un pozo que extrae Q = 150 l/s, determinar los parámetros del acuífero mediante el método de la superposición.*

t(s)	8,2	41	82	411	822	4114
d(m)	3,43	6,28	7,85	11,19	12,37	15,71

El método de la superposición consiste en representar los puntos; descenso, tiempo, en una escala doblemente logarítmica y tratar de superponer a esa nube de puntos la gráfica de la función de pozo W(u) en función de 1/u, que también estará en un diagrama doblemente logarítmico y con el mismo valor para cada ciclo. De esta forma se realiza una suerte de ajuste de visu entre los puntos y la función, para lo cual es preciso desplazar una de las gráficas en las direcciones paralelas a los ejes. Una vez conseguido el ajuste, se selecciona un punto de los datos registrados, que esté situado sobre la función de pozo, y se leen los valores de esta y de 1/u en los ejes apropiados de modo que ya se puede utilizar la expresión de Theis para despejar Tr y S.

En este caso se puede escoger el tercer punto en el que:

$$t = 82, d = 7,85$$

en la gráfica se puede leer.

$$1/u = 83,78, W(u) = 3,86$$

lo cual permite obtener $S = 0,000231$ y $Tr = 0,005901$ m²/s.

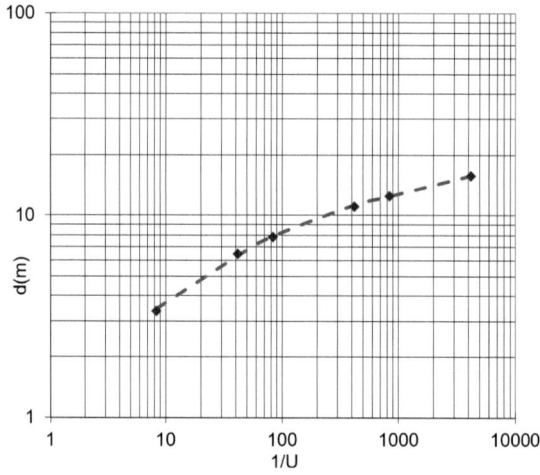

3. *Determinar el descenso residual a lo largo del tiempo de un pozo de diámetro = 40 cm, que ha estado bombeando 100 l/s durante 6 horas en un acuífero de Tr = 20,8 m²/h, S = 0,0001 y Hfp = 1m.*

El cálculo del descenso residual se basa en la superposición de soluciones en el tiempo; se supone que el pozo sigue extrayendo agua, pero a partir de las 6 horas se considera otro pozo que recarga toda el agua que extrae el primero, con lo que a efectos prácticos la extracción neta es nula.

Es preciso hacer notar que durante el bombeo aparece la pérdida de carga en la pared del pozo mientras que durante la recuperación no se tiene en cuenta ya que se cancela con el mismo valor de la recarga superpuesta.

Para hallar la variación de los niveles se superponen las soluciones de modo que

$$dr = d(t + t')-a(t')$$

t(h)	u	W(u)	t(h)	d(m)	a(m)	dr(m)
0,0001	$4,808 \times 10^{-4}$	7,0634	0,0001	9,728	0,000	10,728
0,01	$4,808 \times 10^{-6}$	11,6681	0,01	16,070	0,000	17,070
0,2	$2,404 \times 10^{-7}$	14,6638	0,2	20,197	0,000	21,197
0,8	$6,010 \times 10^{-8}$	16,0501	0,8	22,106	0,000	23,106
2	$2,404 \times 10^{-8}$	16,9664	2	23,368	0,000	24,368
6	$8,013 \times 10^{-9}$	18,0650	6	24,881	0,000	25,881
6,0001	$8,013 \times 10^{-9}$	18,0650	6,0001	24,881	9,728	15,153
6,01	$7,999 \times 10^{-9}$	18,0667	6,01	24,883	16,070	8,813
6,2	$7,754 \times 10^{-9}$	18,0978	6,2	24,926	20,197	4,730
6,8	$7,070 \times 10^{-9}$	18,1902	6,8	25,053	22,106	2,948
8	$6,010 \times 10^{-9}$	18,3527	8	25,277	23,368	1,909
12	$4,006 \times 10^{-9}$	18,7582	12	25,836	24,881	0,955

Se han considerado unos tiempos repartidos de forma que el gráfico resultante sea más suave y entonces:

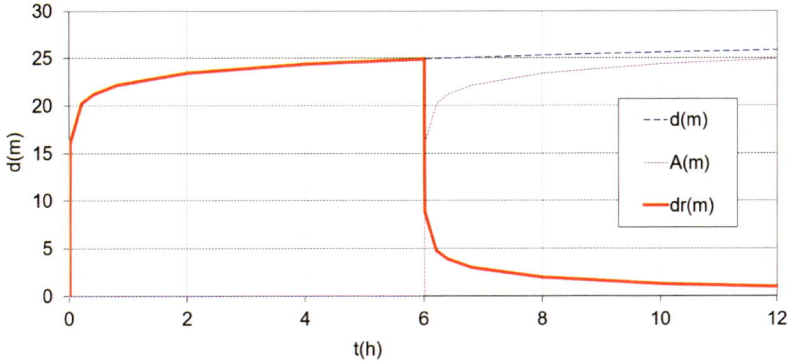

4. *Sea un pozo de recarga situado en una colina de 30 m de altura y a 300 m del mar. El terreno desciende de forma que a 100 m de distancia se encuentra a 14,6 m sobre el nivel del mar y sigue, formando una llanura, hasta el mar. El acuífero costero tiene Tr = 40 m²/día y S = 1x10⁻⁵. Determina cuantas horas completas puede estar funcionando el pozo con un caudal de recarga de 100 m³/h para que no llegue a inundarse*

ninguna parte de la llanura. ¿Qué tiempo tardaría en descender el agua hasta 20 cm de su nivel original?

Cuando se efectúa una recarga se produce un embudo de recarga que eleva el nivel freático desde el pozo en todo su entorno. Como el mar está cerca, para calcular los ascensos será preciso tener en cuenta el punto de nivel constante situado en la orilla del mismo, de ahí se deduce la necesidad de superponer un pozo espejo, de extracción, en el mar y a 300 m de la orilla.

El punto más problemático será sin duda el lugar en donde el terreno se transforma en planicie cerca del pozo, es decir, que será preciso contrastar el ascenso a r = 100 m del pozo con el descenso ocasionado por el pozo espejo para r = (200 + 300) m.

t(h)	u(100)	u(500)	w(100)	w(500)	a(100)	d(500)	ac
0	inf	inf	0,000	0,000	0,000	0,000	0,000
1	$1,500 \times 10^{-2}$	$3,750 \times 10^{-1}$	3,637	0,779	17,368	3,718	13,650
2	$7,500 \times 10^{-3}$	$1,875 \times 10^{-1}$	4,323	1,284	20,641	6,132	14,510
3	$5,000 \times 10^{-3}$	$1,250 \times 10^{-1}$	4,726	1,627	22,565	7,769	14,796

Como se aprecia en la tabla, el ascenso conjunto del pozo y su espejo sobrepasa la cota 14,6 entre las 2 y las 3 horas por lo que se decide que se efectúe recarga solamente 2 horas seguidas.

A partir de este momento se puede producir la recuperación. En el cálculo de los niveles de recuperación intervendrán 4 soluciones parciales ya que hay que considerar la superposición de la recuperación de cada uno de los pozos iniciales. Afortunadamente el valor absoluto a superponer es igual al efecto inicial considerado, pero con un desfase, en este caso de dos horas.

En primer lugar, se calcula el valor de W(u), para cada caso.

t(h)	u(100)	u(500)	w(100)	w(500)
0	inf	inf	0,000	0,000
1	$1,500 \times 10^{-2}$	$3,750 \times 10^{-1}$	3,637	0,779
2	$7,500 \times 10^{-3}$	$1,875 \times 10^{-1}$	4,323	1,284
3	$5,000 \times 10^{-3}$	$1,250 \times 10^{-1}$	4,726	1,627
4	$3,750 \times 10^{-3}$	$9,375 \times 10^{-2}$	5,013	1,884
5	$3,000 \times 10^{-3}$	$7,500 \times 10^{-2}$	5,235	2,088
6	$2,500 \times 10^{-3}$	$6,250 \times 10^{-2}$	5,417	2,258

Los descensos y ascensos son

t(h)	a(100)	d(500)	Ascenso conjunto	ascenso residual
0	0,000	0,000	0,000	0,000
1	17,368	3,718	13,650	0,000
2	20,641	6,132	14,510	14,510
3	22,565	7,769	14,796	1,146
4	23,933	8,994	14,939	0,430
5	24,995	9,970	15,025	0,229
6	25,863	10,781	15,083	0,143

En este caso la recuperación hasta un valor de 20 cm del valor original es de entre 3 y 4 horas. Para quedar del lado de la seguridad se propondrá una recuperación de 4 horas.

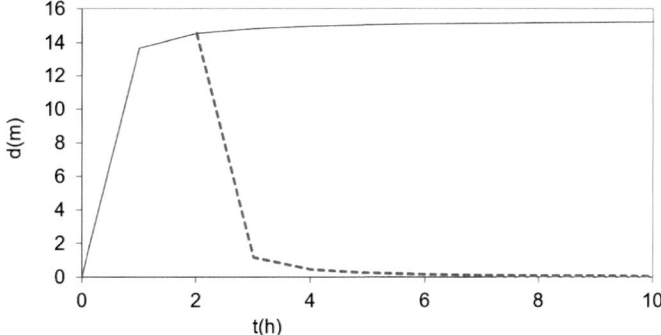

3.7. Bibliografía

Dupuit, J. (1863). Études théoriques et pratiques sur le mouvement des eaux dans les canaux découverts et à travers les terrains perméabls: avec des considérations relatives au régime des grandes eaux, au débouché à leur donner, et à la marche des alluvions dans les rivières à fond mobile. Dunod.

Heath, R. C. (1998). Basic ground-water hydrology (Vol. 2220). US Department of the Interior, US Geological Survey.

Custodio, E., y Llamas, M. R. (1983). Hidrología subterránea. Barcelona: Omega.

López Geta, J. A., Fornés Azcoiti, J. M., Ramos González, G., & Villarroya, F. (2009). Las aguas subterráneas: un recurso natural del subsuelo.

Thiem, G. (1906). Hydrologic methods. Gebhardt, Leipzig, Germany.

Theis, C. V. (1935). The relation between the lowering of the piezometric surface and the rate and duration of discharge of a well using ground-water storage. Eos, Transactions American Geophysical Union, 16(2), 519-524.

CAPÍTULO 4
Captaciones horizontales

La hidráulica de las captaciones horizontales presenta una serie de peculiaridades que justifican su tratamiento separado de la hidráulica de los pozos verticales.

Se trata de obras muy frecuentes, a menudo resultado de situaciones de emergencia, pero con amplia tradición en las zonas áridas.

El uso de galerías y zanjas de captación se remonta a la Antigüedad y en ocasiones se llegan a describir obras de este tipo en la Biblia. Se han encontrado restos de galerías construidas por la civilización caldea.

Los materiales y sus propiedades son los mismos que se trataron en el tema de pozos y los supuestos de superposición de soluciones pueden ser los mismos, aunque en ciertos casos se opta por el tratamiento específico de un fenómeno debido a su frecuencia.

Se entiende por zanja a una excavación lineal de gran longitud, incluidas las orillas de ríos, lagos o mares. Galería es una excavación en forma de túnel con paredes filtrantes de gran diámetro y con un nivel libre de agua en su interior. Se denomina dren a una perforación revestida de material filtrante, de pequeño diámetro y colocada en el acuífero en posición horizontal.

4.1. Régimen permanente en zanjas de drenaje

Se considera en este caso una línea de drenaje que extrae un caudal constante y completamente penetrante en el acuífero y con condición de límite; $h = h_0$, $r = L$, es decir, que se considera la existencia de un radio de influencia en el que la altura piezométrica no varía.

Aplicando la expresión de Darcy a una extracción lineal en la que el caudal proveniente de cada lado es:

$$q = k \cdot h \frac{dh}{dx}$$

en el caso de un acuífero cautivo $Tr = k \cdot h_0$ y entonces: se puede resolver la ecuación diferencial resultante como.

$$d = h_0 - h = \frac{q}{T_r}(L - r)$$

[ec 4-1]

Usualmente las condiciones de explotación se establecen marcando un descenso máximo desde un nivel constante que actúa como recarga (p.e. un río) en cuyo caso se suele considerar el aporte desde un solo lado, despreciando la contribución del posible acuífero lateral, y $r = 0$.

En estas condiciones la expresión (ec 4-1) se transforma en: $q = d.Tr/L$.

Si se trata de un acuífero que llega a establecer una franja de recarga de longitud L a ambos lados de la zanja, se considera que el caudal total es el doble del propuesto y entonces $q = 2d.Tr/L$.

Para el caso de un acuífero libre la condición de flujo cambia y en este caso $h = f(r)$, y entonces:

$$h_0^2 - h^2 = \frac{2q}{k}(L - r)$$

[ec 4-2]

Para las condiciones usuales de explotación.

$$\frac{(h_0^2 - h^2)k}{2L} = q$$

y, al igual que en el acuífero cautivo, si se establece una franja de recarga y el caudal proviene de ambos lados, el caudal total será el doble del propuesto en (ec 4-2).

▮ EJEMPLO 4-1

Calcula el caudal que se puede extraer en régimen permanente de una zanja de 150 m, situada a 20 m de un río y paralela al mismo. El espesor del acuífero es de $h_0 = 3$ m, de permeabilidad $k = 50$ m/día, es confinado y se admite un descenso del nivel piezométrico en la zanja de $d = 2$ m, ¿y si el acuífero fuese libre?

Aplicando la expresión (ec 4-1), para $r = 0$, se obtiene que $q = 0,00017361$ m²/s, que en total serían $Q = 0,026$ m³/s.

Si el acuífero fuese libre, se aplica la expresión (ec 4-2), para $r = 0$, y $h = h_0-d$, y se obtiene que $q = 0,00011574$ m²/s, que en total serían $Q = 0,017$ m³/s.

Otro caso de gran interés es cuando se estudia un sistema de zanjas, asimilable al caso de dos ríos separados por una distancia L. En este caso la ecuación del sistema es:

$$-T_r \frac{dh}{dx} = w(x_0 - x)$$

[ec 4-3]

con $x_0 = L/2$ y w = lámina de recarga,
que resuelta permite obtener.

$$a = (h - h_0) = \frac{w \cdot x_0}{2T_r}\left(\frac{2x}{x_0} - \frac{x^2}{x_0^2}\right) = \frac{w}{T_r}\left(x \cdot x_0 - \frac{x^2}{2}\right) \qquad \text{[ec 4-4]}$$

En donde a es el ascenso experimentado por el nivel freático.

El caudal extraído es $q = \omega \cdot x0$ y el ascenso máximo se da en el centro del sistema y vale $a_{max} = \omega \cdot L/(8T)$

4.2. Régimen variable en zanjas de drenaje

Puesto que la deducción de las ecuaciones resulta harto complicada para los objetivos de este manual, se va a prescindir de ellas y entonces la ecuación propuesta para este caso es (Custodio y Llamas, 1996):

$$h = \frac{d_0}{L}\sum_{n=1}^{\infty}\left(e^{\frac{-(2n-1)^2\pi T_r \cdot t}{4L^2 S}}\right) \cdot \left(\frac{2L}{\pi(2n-1)}\right)(1 - \cos(\pi \cdot (2n-1))) \cdot \text{sen}\left(\frac{\pi(2n-1)}{2L}x\right) \text{[ec 4-5]}$$

donde $2L$ es la distancia entre zanjas y d_0 es el descenso entre el agua dentro de la zanja y el agua en su nivel original.

Si se considera una recarga de magnitud W la expresión queda como:

$$h = \frac{d_0}{L}\sum_{n=1}^{\infty}\left(e^{\frac{-(2n-1)^2\pi T_r \cdot t}{4L^2 S}}\right) \cdot \text{sen}\left(\frac{\pi(2n-1)}{2L}x\right) \cdot I$$

con

$$I = \int_{0}^{2L}\left(1 - \frac{\omega}{T_h}\left(L \cdot x - \frac{x^2}{2}\right)\right) \cdot \left(\frac{\pi(2n-1)}{2L}x\right) \cdot dx \qquad \text{[ec 4-6]}$$

La resolución de estos casos obliga a un cálculo iterativo que puede ser resuelto mediante un sencillo programa de ordenador. Se presenta a continuación un algoritmo escrito en código BASIC.

```
Function zanjadren(d0, L, k, h0, S, x, t, w)
'calcula el descenso en r,var de una zanja de drenaje
'd0 descenso en la zanja (m)
'L distancia entre la divisoria y la zanja (m)
'k permeabilidad (mm/h)
'S coeficiente de almacenamiento
'h0 espesor saturado inicial (m)
'w recarga (mm/año)
```

```
'x distancia (m)
't tiempo (h)
'
k = k / 1000
w = w / 1000 / 365 / 24 / 3600
Sum = 0
   For i = 1 To 100
   fac0 = Exp(-((2 * i - 1) ^ 2) * 3.14159 * 3.14159 * k * h0 * t / (4 * L * L * S))
   fac3 = Sin((2 * i - 1) * 3,14159 * x / 2 / L)
   fac1 = 2 * L / (2 * i - 1) / 3.14159
   fac2 = 1 - Cos((2 * i - 1) * 3.14159)
If w < = 0 Then
   fac4 = fac0 * fac1 * fac2 * fac3
Else
   fac5 = w / (k * h0 * h0)
   ax = L / 100
   sum2 = 0
   For j = 1 To 100
   x1 = (j - 1) * ax
   fac6 = (L * x1 - x1 * x1 / 2) * Sin((2 * n - 1) * 3,14159 * x1 / 2 / L)
   sum2 = sum2 + fac6 * ax
   Next j
   fac7 = fac1 * fac2 - fac5 * sum2
   fac4 = fac0 * fac3 * fac7
End If
   Sum = Sum + fac4
Next i
20 zanjadren = h0 - d0 + d0 / L * Sum
End Function
```

▌ EJEMPLO 4-2

Determinar la variación durante 64 h de los perfiles del nivel freático entre dos zanjas de drenaje, separadas 100 m, si el espesor inicial saturado es h0 = 10 m, la zanja penetra 4 m en dicha zona saturada, el coeficiente de almacenamiento es S = 0,01 y k = 10 mm/h. Compárese con el caso de que exista una recarga de 60 mm/año.

Como se ha comentado será necesario implementar las expresiones anteriores en un pequeño programa de ordenador. En este caso se ha utilizado el programa propuesto anteriormente. Con la aplicación de este programa se puede plantear el cálculo del nivel freático para varias distancias y tiempos. En este caso, se ha calculado el descenso para tiempos variables entre 1 y 64 h y para distancias entre 0 y 50 m. Las alturas restantes, $h = h_0 - d$, se muestran en la tabla y figuras adjuntas.

x(m)/t(h)	1	2	4	8	16	32	64
0	6,00	6,00	6,00	6,00	6,00	6,00	6,00
5	8,95	8,28	7,70	7,23	6,88	6,63	6,43
10	9,90	9,54	8,95	8,28	7,70	7,23	6,84
15	10,00	9,93	9,63	9,06	8,39	7,78	7,24
20	10,00	9,99	9,90	9,54	8,95	8,28	7,60
25	10,00	10,00	9,98	9,81	9,35	8,70	7,92
30	10,00	10,00	10,00	9,93	9,63	9,03	8,19
35	10,00	10,00	10,00	9,98	9,80	9,29	8,41
40	10,00	10,00	10,00	9,99	9,90	9,47	8,57
45	10,00	10,00	10,00	10,00	9,94	9,58	8,67
50	10,00	10,00	10,00	10,00	9,96	9,62	8,70

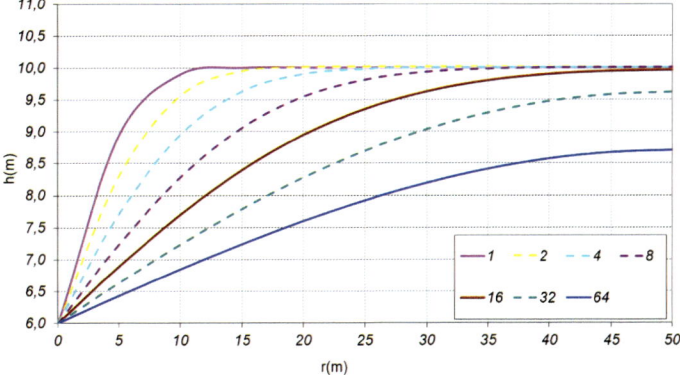

Para el caso de haber una recarga de 60 mm/año los resultados serían

x(m)/t(h)	1	2	4	8	16	32	64
0	6,00	6,00	6,00	6,00	6,00	6,00	6,00
5	8,95	8,28	7,70	7,23	6,88	6,63	6,43
10	9,90	9,54	8,95	8,28	7,70	7,23	6,84
15	10,00	9,93	9,63	9,06	8,39	7,78	7,24
20	10,00	9,99	9,90	9,54	8,95	8,28	7,60
25	10,00	10,00	9,98	9,81	9,35	8,70	7,92
30	10,00	10,00	10,00	9,93	9,63	9,03	8,19
35	10,00	10,00	10,00	9,98	9,80	9,29	8,41
40	10,00	10,00	10,00	9,99	9,90	9,47	8,57
45	10,00	10,00	10,00	10,00	9,94	9,58	8,67
50	10,00	10,00	10,00	10,00	9,96	9,62	8,70

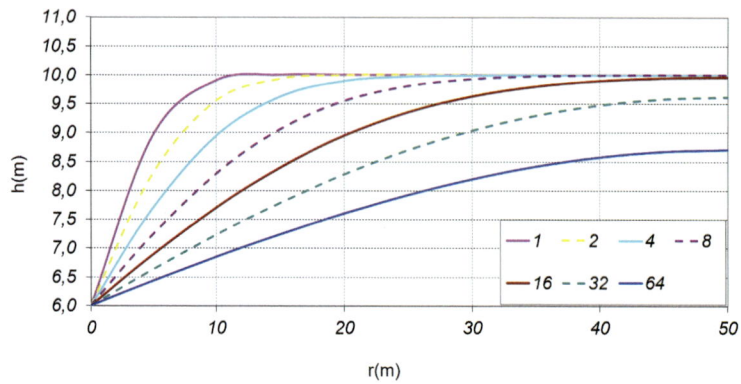

4.3. Régimen permanente en drenes horizontales

En el caso de un dren de gran longitud y poco diámetro el descenso provocado a suficiente distancia del mismo se puede calcular con las fórmulas estudiadas ec 4-1 y ec 4-2, mientras que el cálculo de los descensos cerca del dren es más complicado y no se abordará en este manual. En todo caso se pueden calcular como caso especial de régimen variable en drenes.

4.4. Régimen variable en drenes horizontales

El tema resulta de una gran complejidad, al igual que su homólogo de pozos verticales y se va a tratar de una forma resumida y bajo una serie de supuestos simplificadores.

Los descensos producidos por la extracción de un caudal q a cierta distancia r del dren, en un acuífero de transmisibilidad, Tr, vienen dados (Ferris et al, 1962) por las expresiones:

$$d = \frac{q \cdot r}{2T_r} \cdot D(u) \qquad \text{[ec 4-7]}$$

con

$$u = r \cdot \sqrt{\frac{S}{4T_r \cdot t}} \qquad \text{[ec 4-8]}$$

y

$$D(u) = \frac{e^{-u^2}}{u\sqrt{\pi}} - 1 + \frac{2}{\sqrt{\pi}} \cdot \int_0^u e^{-\alpha^2} \cdot d\alpha \qquad \text{[ec 4-9]}$$

D(u) es conocida como función de dren, que puede ser calculada resolviendo la expresión ec 4-9, o más frecuentemente buscando su valor en tablas o gráficos, como los que se ofrecen en el capítulo 7. Conocido el valor D(u) es sencillo aplicar la expresión ec 4-7 y calcular el descenso a una determinada distancia.

El cálculo de la función de dren puede realizarse mediante programas informáticos como los propuestos, en este caso en lenguaje BASIC.

En este algoritmo se calcula la integral como una suma de trapecios. Para ajustar la precisión se ha dejado como dato el número de trapecios (nit) que se sumarán para obtener la suma total.

```
Function dren(u, nit)
rpi = (3.14159 ^ (0.5))
'integral'
au = u / nit
'promedio de los extremos
Sum = (1 + Exp(-u * u)) * au / 2
For i = 1 To nit - 1
Sum = Sum + au * Exp(-i * i * au * au)
Next i
fc1 = 2 * Sum / rpi
dren = Exp(-u * u) / u / rpi - 1 + fc1
End Function
```

Un problema algo más arduo será deducir las propiedades del acuífero a partir de una serie de descensos medidos, pero es posible mediante el método de la superposición de las curvas. Si se aplican logaritmos a las expresiones (ec 4-7) y (ec 4-8), es posible reordenar las variables de modo que se puede establecer una relación entre Ln(d) y Ln – D(u)), así como entre Ln(t) y –Ln(u^2), de una forma análoga a como se planteaba para los pozos verticales. En este caso será preciso darle la vuelta al gráfico de la función de dren, para que el eje de abscisas ofrezca resultados negativos.

Una gran cantidad de obras de drenaje horizontal son de extracción pasiva, es decir, el acuífero cede agua a una obra de drenaje con un desnivel constante respecto al nivel de partida. El problema pasa a ser calcular el caudal cedido por el acuífero para un descenso d_0 medido en la obra de captación, que se produce, por ejemplo, al abrir la compuesta de drenaje. En este caso las expresiones a utilizar son:

$$d = d_0 \cdot D'(u) \qquad \text{[ec 4-10]}$$

con

$$D'(u) = 1 - \frac{2}{\sqrt{\pi}} \cdot \int_0^u e^{-\alpha^2} \cdot d\alpha \qquad \text{[ec 4-11]}$$

que es conocida como función de dren a descenso constante. En estas condiciones el caudal extraído depende del descenso fijo d_0 y se puede calcular como:

$$q = 2 \cdot d_0 \sqrt{\frac{S \cdot T_r}{\pi \cdot t}}$$ [ec 4-12]

Para este caso también se puede determinar la función de dren a descenso contante como una suma similar a la función de dren original.

```
Function drendcte(u, d, nit)
rpi = (3.14159 ^ (0.5))
'integral'
au = u / nit
'promedio de los extremos
Sum = (1 + Exp(-u * u)) * au / 2
For i = 1 To nit - 1
Sum = Sum + au * Exp(-i * i * au * au)
Next i
fc1 = 2 * Sum / rpi
drn = 1 - fc1
drendcte = d * drn
End Function
```

▮ EJEMPLO 4-3

Determinar el descenso que se espera provocar mediante una captación horizontal de L = 450 m, de la que se bombean Q = 30 l/s perforada en un acuífero de Trasmisibilidad Tr = 250 m²/día, coeficiente de almacenamiento S = 0,01, en un punto situado a r = 10m de la misma al cabo de 1 hora.

Determinar asimismo el caudal que cede el acuífero al cabo de 1 hora si se provoca un descenso contante de d = 0,5 m en la zanja y el descenso a r = 10m.

Con los datos del problema se obtiene que q = Q/L = 6,666 $\times$ 10⁻⁵ m²/s, de la expresión (ec 4-8), u = 0,155 de donde, de la expresión (ec 4-9), de la Tabla 6-2 o de la figura Fig. 6-2 Función de Dren, se obtiene D(u) = 2,7288.

Entonces, según la expresión (ec 4-7) el descenso pedido es d = 0,314m.

En el caso 2° se aplicarán las expresiones ec 4-8, ec 4-11 y ec 4-12 de modo que, de la expresión (ec 4-8), u = 0,155 y entonces, de la expresión (ec 4-11), o de la figura Fig. 6-3 o de la Tabla 6-2, se obtiene que D'(u) = 0,8265.

Entonces, el descenso pedido es d = d_0D'(u) = 0,413 m.

El caudal solicitado se obtiene de la expresión (ec 4-12), q = 0,01486 m²/s, que en el conjunto del dren serán Q = q.L = 6,69 m³/s.

Al igual que en el caso de las captaciones verticales se admite la validez de la superposición de soluciones para los casos especiales, sobre todo cuando actúan varios elementos a la vez.

4.5. Problemas complementarios

1. *Determinar la distribución de nivel freático en un sistema entre dos ríos separados L =
100 m si k = 5mm/h, h_0 = 10 m y W = 30 mm/año.*

Se puede establecer un punto de control cada 10 m y aplicar la expresión (*ec 4-4*), con
lo que la tabla adjunta puede ser calculada.

x(m)	a(m)	h(m)	x(m)	a(m)	h(m)
0	0,000	10,000	50	0,086	10,086
10	0,031	10,031	60	0,082	10,082
20	0,055	10,055	70	0,072	10,072
30	0,072	10,072	80	0,055	10,055
40	0,082	10,082	90	0,031	10,031
			100	0,000	10,000

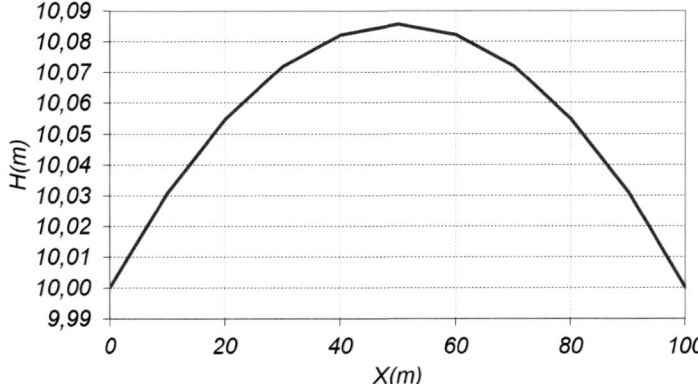

2. *Calcular el valor de la recarga en un sistema de ríos separados L = 100 m y del que se
disponen una serie de datos de nivel piezométrico, k = 5 mm/h, h_0 = 10 m.*

r(m)	1	3	10	20	30	50	80
a(m)	0,002	0,01	0,02	0,045	0,055	0,065	0,04

La expresión

$$a = h - h_0 = \frac{w \cdot x_0^2}{2T}\left(\frac{2x}{x_0} - \frac{x^2}{x_0^2}\right) = \frac{w}{T}\left(x \cdot x_0 - \frac{x^2}{2}\right)$$

puede ser linealizada si se considera la variable auxiliar a/x, ya que entonces esta
variable depende linealmente de x, lo que permite despejar W a partir de la pendiente de la recta y x_0 a partir del término independiente.

r(m)	a(m)	a/x
1	0,00	0,00200
3	0,01	0,00333
10	0,02	0,00200
20	0,05	0,00225
30	0,06	0,00183
50	0,07	0,00130
80	0,04	0,00050

Que proporciona una pendiente de m = $-2{,}6207 \times 10^{-5}$ y B = 0,0026144, que permiten obtener W = 22,957 mm/año y x_0 = 49,87 m.

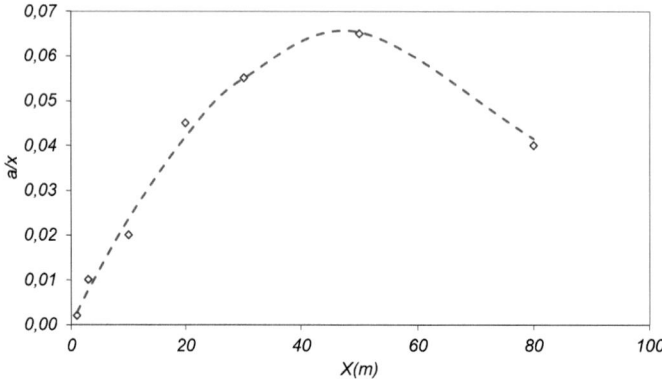

3. *Calcular el perfil de los niveles piezométricos a diferentes tiempos de drenaje para un sistema de drenes paralelos, separados 10 m entre sí, situados al fondo de un suelo de 200 mm de espesor, saturado en su integridad, con un material de permeabilidad k = 5 mm/h y coeficiente de almacenamiento S = 0,05, si la base es de permeabilidad kb = 2 mm/h.*

Este caso se puede abordar considerando un dren a descenso constante d_0 = 0,2 m.

Cuando se trabaja con espesores pequeños no se puede asumir que la transmisibilidad es constante, ya que conforme el espesor restante decrece también lo hará este parámetro. Por ese motivo se ha planteado un esquema de iteraciones para utilizar el valor más apropiado de transmisibilidad.

Básicamente consiste en calcular un valor aproximado mediante el procedimiento visto en el tema anterior (cálculo de u, D'(u), d(t)) y posteriormente modificar el valor de T teniendo en cuenta que valdrá T = k.(h_0-d). En unas pocas iteraciones se obtendrá un valor mucho mejor que el original.

```
Function drencorr(S, k, kb, h0, r, t, nit)
'calcula el descenso de una capa freática
```

```
'por efecto de un dren horizontal
'
's coeficiente de almacenamiento (ad)
'k permeabilidad del suelo (mm/h)
'kb permeabilidad de la base del acuífero (mm/h)
'h0 espesor inicial de la capa saturada (mm)
'r distancia al dren (m)
't tiempo de drenaje (h)
'nit número de iteraciones
'drencorr descenso de la capa frática (m)
'
a = 0
h0 = h0 / 1000
h = h0
'calcula descenso sin corregir
10 u = udren(r, S, t, k * h / 1000)
   d = drendcte(u, h0, nit) + kb * t / 1000
   If d > h0 Then
   drencorr = h0
   GoTo 20
   End If
'corrige trasmisibilidad
h1 = h0 - d
If ((Abs(h1 - h) < 0,01) Or (a > nit)) Then
drencorr = d
Else
   h = h1
   a = a + 1
   GoTo 10
End If
20 End Function
```

Con los datos del ejercicio se obtienen la tabla y gráfica adjuntas.

r(m)/t(h)	3 h	6 h	12 h	24 h	48 h	96 h
0,01	0,200	0,200	0,200	0,200	0,200	0,200
0,5	0,028	0,059	0,087	0,125	0,200	0,200
1	0,007	0,018	0,045	0,083	0,139	0,200
1,5	0,006	0,012	0,028	0,062	0,113	0,200
2	0,006	0,012	0,024	0,051	0,104	0,200
3	0,006	0,012	0,024	0,048	0,096	0,200
4	0,006	0,012	0,024	0,048	0,096	0,200
5	0,006	0,012	0,024	0,048	0,096	0,192

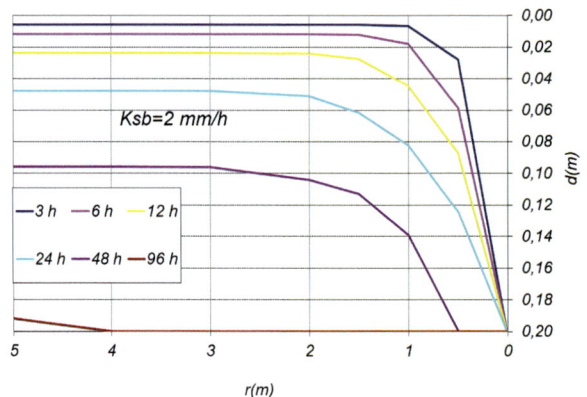

4. *Determinar la variación del caudal que se puede obtener de una galería practicada en un acuífero de Transmisibilidad Tr = 0,753 m²/s y coeficiente de almacenamiento S = 0,0277 para un descenso constante Δh = 1,5m.*

Tomando un Δt = 600" se pueden obtener la serie y gráfica adjuntas.

t	q(m²/s)	t	q(m²/s)	t	q(m²/s)
3600	0,00407	8400	0,00267	13200	0,00213
4200	0,00377	9000	0,00258	13800	0,00208
4800	0,00353	9600	0,00249	14400	0,00204
5400	0,00333	10200	0,00242	15000	0,00200
6000	0,00315	10800	0,00235	15600	0,00196
6600	0,00301	11400	0,00229	16200	0,00192
7200	0,00288	12000	0,00223		
7800	0,00277	12600	0,00218		

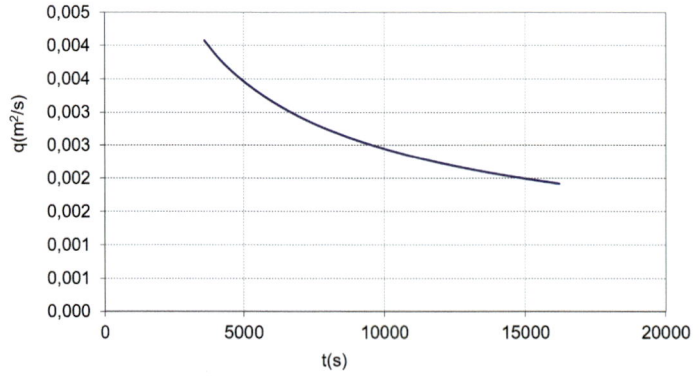

4.6. Bibliografía

Ferris, J. G., Knowles, D. B., Brown, R. H., & Stallman, R. W. (1962). Theory of aquifer tests (pp. 69-174). Denver, CO, USA: US Government Printing Office.

Custodio, E., y Llamas, M. R. (1983). Hidrología subterránea. Barcelona: Omega.

McIntyre, K., Jacobsen B., Practical drainage for golf, sports turf and horticulture, Ed, Ann Arbor Press, Chelsea, Michigan (2000).

CAPÍTULO 5
Drenaje agrícola

5.1. Historia

Históricamente, el drenaje subterráneo en la agricultura comenzó con la excavación de zanjas abiertas relativamente poco profundas que recibían el agua de escorrentía superficial tanto como la descarga del agua subterránea. Los drenes funcionaban pues para el drenaje superficial y para el drenaje subterráneo.

A fines del siglo xix y comienzos del siglo xx las zanjas se empezaron a percibir como inconvenientes para las operaciones agrícolas mecanizadas y fueron reemplazadas por líneas enterradas de tubos cerámicos.

Desde 1960 se están utilizando tubos flexibles de plástico (polietileno o policloruro de vinilo), corrugados, perforados y con longitudes ilimitadas, que se dejan instalados por maquinas drenadoras. La tubería puede ser pre-envuelta con materiales filtrantes, como fibra sintética y geotextil, que previenen la entrada de partículas de suelo en los drenes.

De este modo el drenaje se desarrolló a escala industrial y al mismo tiempo la agricultura evolucionó hacia la maximización de la productividad, lo que condujo a la ejecución de sistemas de drenaje a gran escala.

Como consecuencia, muchos proyectos modernos de drenaje fueron sobre-dimensionados, mientras los impactos ambientales negativos eran desatendidos.

El drenaje agrícola adquirió mala reputación, a veces justificadamente y a veces no, sobre todo cuando el drenaje agrícola era confundido con la actividad de desecado de humedales.

Hoy en día, en algunos países, este tipo el desarrollo ha sido revertido y sustituido por sistemas de drenaje controlado.

5.2. Introducción

El drenaje agrícola es el conjunto de obras que es necesario construir en una parcela cuando existen excesos de agua sobre su superficie o dentro del perfil del suelo, con el objeto de desalojar dichos excedentes en un tiempo adecuado, para asegurar un contenido de humedad apropiado para las raíces de las plantas y conseguir así su óptimo desarrollo.

5.2.1. Tipos de drenaje

Existen fundamentalmente dos tipos, superficial y subterráneo.

Cuando aparece un problema de presencia de una capa o lámina de agua sobre la superficie del terreno que satura la parte superior del suelo es necesario eliminar el exceso de agua. Esta capa de agua puede cubrir solo las partes más bajas de una parcela, formando charcos más o menos aislados. Cuando se eliminan los excesos de agua que se acumulan sobre la superficie, se habla de drenaje superficial. Los problemas de drenaje superficial se dan con mayor frecuencia en zonas húmedas, cuando se rebasa la capacidad natural de drenaje de los suelos, ya sea superficial, interna o ambas.

Cuando aparece un manto freático cercano a la superficie del terreno que satura el perfil del suelo y propicia una humedad muy alta en la zona de desarrollo de las raíces de los cultivos está recomendado el llamado drenaje subterráneo. Para realizarlo se eliminan los excesos de agua hasta una cierta profundidad del suelo. Los problemas más importantes de drenaje subterráneo o interno se dan en zonas áridas y semiáridas bajo riego o en lugares donde existen fuertes filtraciones en canales o en las parcelas que alimentan los niveles freáticos. Esta circunstancia, combinada con una red de drenaje insuficiente o ineficiente, propicia el ascenso de las capas freáticas.

5.2.2. Causas

En general, las causas de los problemas de drenaje son de dos tipos, por su origen (natural o artificial) y por su tipo de actividad (activa o pasiva). Las causas calificadas como naturales son más frecuentes en las zonas húmedas, mientras que las artificiales ocurren más frecuentemente en las zonas áridas de riego.

Las causas activas están relacionadas con aportaciones abundantes de agua, ya sean naturales (lluvias intensas, desbordamientos, inundaciones, etc.) o artificiales (riegos). Las pasivas son cuando existen impedimentos generalmente naturales para desalojar dichos excesos de agua, ya sean topográficos, suelos poco permeables, restricciones del perfil del suelo, etc., aunque también pueden ser artificiales, como obstrucciones de diferente tipo, red de drenaje inadecuada, etc.

Para evaluar la gravedad de un problema de drenaje, ambas causas deben ser analizadas conjuntamente, lo cual en términos cualitativos se explica con relativa facilidad, pero se complica considerablemente cuando se pretende explicar en términos cuantitativos. Por ejemplo, una recarga dada puede no producir problemas de exceso de agua si no se tienen impedimentos para su salida y en cambio, la misma recarga con dificultades para desalojarse producirá un problema.

5.2.3. Efectos

Los problemas de drenaje se presentan cuando las inundaciones superficiales asfixian a los cultivos, debido a que el aire es reemplazado por el agua. Esto evita el aporte de oxígeno y afecta también a la actividad biológica e incluso a la química del suelo. De facto reduce el volumen de suelo disponible para las raíces, afectando al desarrollo radicular y disminuyendo la capacidad de absorción de agua y nutrientes de la mayoría de las plantas.

Un drenaje interno ineficiente en áreas bajo riego puede afectar la aireación e intercambio gaseoso y, como las aguas freáticas generalmente presentan altos contenidos de sales, origina en muchas ocasiones problemas de salinización de los suelos. Aunque si las aguas freáticas tienen bajos contenidos de sales, más que considerarse como un problema, pueden ser aprovechadas para riego subterráneo de cultivos.

5.2.4. Información necesaria a considerar para identificar los problemas de drenaje

Los datos que en general hay que tomar en cuenta son:

- Origen del agua y la cantidad presente
- Problemática concreta ocasionada
- Volúmenes de agua que debe desalojarse
- Tipo y permeabilidad del suelo
- Pendiente del suelo
- Estabilidad estructural de los diferentes horizontes del perfil del suelo
- Tipo de agricultura que hay que realizar
- Método de evacuación y destino del mismo

5.3. Objetivos

Los objetivos específicos y los propósitos de una práctica de drenaje son:

- Restablecer las condiciones adecuadas para el desarrollo de los cultivos.
- Eliminar el exceso de agua del suelo (superficial o internamente), a fin de mantener las condiciones de aireación y las actividades biológicas indispensables para cumplir los procesos fisiológicos relativos al crecimiento radical. Esto garantizará que los cultivos no se ahoguen y tengan un mejor desarrollo de las raíces, lo que a su vez significa un adecuado soporte mecánico y un mayor acceso al agua y a los nutrientes.
- Bajar niveles freáticos someros.

- Crear condiciones que permitan, mediante la aplicación de lavados, extraer las sales en exceso del perfil del suelo y mantener así un adecuado balance salino.
- Conservar y aumentar la productividad agrícola minimizando los impactos negativos, tanto de excesos de agua y de sales como los ambientales.

5.4. Ventajas y desventajas del drenaje agrícola

Los principales beneficios que se obtienen en suelos bien drenados son:

- Incrementa la cantidad de oxígeno, favoreciendo el intercambio gaseoso.
- Limita el desarrollo de enfermedades fúngicas.
- Permite un mejor y más profundo desarrollo radicular de las plantas, aumentando la disponibilidad y el aprovechamiento de agua y de nutrientes.
- Facilita el acceso a las parcelas y la movilización de maquinaria y aperos para realizar las labores culturales, recolección, manejo del suelo y de los cultivos, etc.
- Favorece las condiciones térmicas del suelo que así se puede calentar más rápido en primavera permitiendo la siembra temprana.
- Disminuye las pérdidas de nitrógeno por desnitrificación.
- Propicia una mayor actividad biológica, lo que favorece la formación de una mejor estructura del suelo y una mayor fertilidad.

Las principales desventajas del drenaje agrícola son:

- Altos coste de inversión, debido a que se requiere de cierto tipo de obras (movimiento de tierras, surcos y zanjas, drenes topo, drenes subterráneos, colectores, etc.).
- Existe mayor posibilidad de que se tenga erosión hídrica.
- En años secos aumenta el déficit hídrico, por lo que los cultivos reducen sus rendimientos.
- Los drenes abiertos ocupan un área que podría aprovecharse para los cultivos.
- Los taludes de los drenes y zanjas abiertas son susceptibles a la erosión, por lo que requieren obras de protección que son costosas. Además, su mantenimiento debe ser estricto para evitar la invasión de malezas o el exceso de sedimentos que les restan capacidad de evacuación.
- El drenaje subterráneo contribuye a la pérdida o reducción de nutrientes del suelo.

Cuando existen terrenos de propiedad particular dentro de la zona de riego, los drenes deben respetar al máximo posible los linderos de dichas propiedades, lo que limita al sistema.

5.5. Sistemas de drenaje superficial

Son obras o acciones que se realizan sobre la superficie del terreno, para propiciar la escorrentía por gravedad de los excesos de agua a velocidades no erosivas y que tampoco cause problemas de sedimentación, así como para interceptar y desviar el agua que se dirige hacia la parcela desde terrenos colindantes más altos.

Las condiciones que generalmente se presentan para que ocurra este tipo de problemas, son:

- Precipitaciones de alta intensidad.
- Baja velocidad de infiltración del agua en el suelo, inferior a la intensidad de la precipitación.
- Poca pendiente de los suelos que no propicia la escorrentía.

Un sistema de drenaje superficial tiene tres componentes básicos.

1. El sistema de recolección.
2. El sistema de desagüe.
3. El sistema de recolección (drenes superficiales colectores), que recibe el caudal captado para trasladarlo fuera de los límites de los terrenos protegidos y posteriormente a algún cauce natural, reservorio, mar, etc.

El sistema de recolección del agua puede ser uno o componerse de varias de las siguientes obras:

- Nivelación, emparejamiento o "conformación" de la superficie del terreno, con el fin de suprimir las hondonadas o depresiones que acumulen agua o bien dando pendientes suaves al terreno para que propiciar la escorrentía.
- Surcos profundos y con pendiente continúa hacia una zanja conectada con los colectores de drenaje.
- Zanjas, canales o desagües, ya sean para interceptar, captar y desalojar el agua o para unir las partes bajas de los terrenos con los colectores de drenaje.
- Borde para protección o encauzamiento del agua hacia las zanjas colectoras.

Se puede complementar con:

- Drenes "topo" o con drenaje subterráneo entubado.
- Colectores de drenaje.
- Pozos de absorción o drenaje vertical.
- Una combinación de los anteriores.

Los canales, zanjas y drenes subterráneos pueden construirse de tres formas:

- En paralelo, adecuados para terrenos casi planos con topografía uniforme.

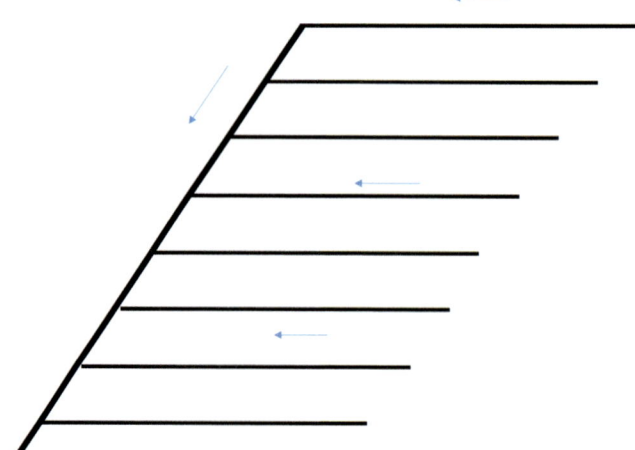

Figura 5-1. Sistema paralelo.

- Con pendiente cruzada, cuando se sigue el contorno de la pendiente. Es adecuada en terrenos moderadamente inclinados de topografía irregular. También se le conoce como distribución en espina de pescado.

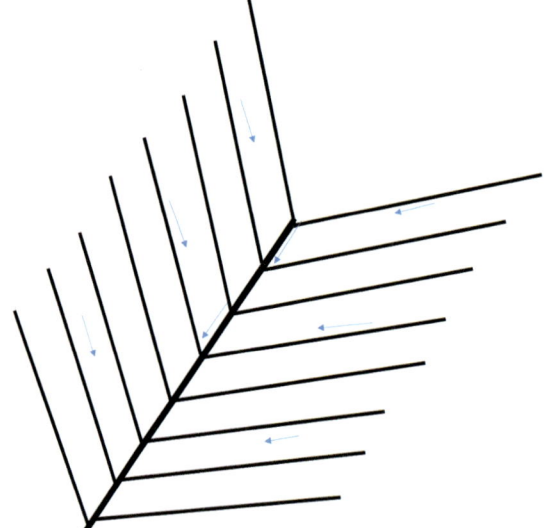

Figura 5-2. Espina de pescado.

- Localizado, para drenar las depresiones donde existen encharcamientos localizados en terrenos relativamente planos de topografía ondulada. Puede a su vez estar conformado con cualquiera de las configuraciones anteriores.

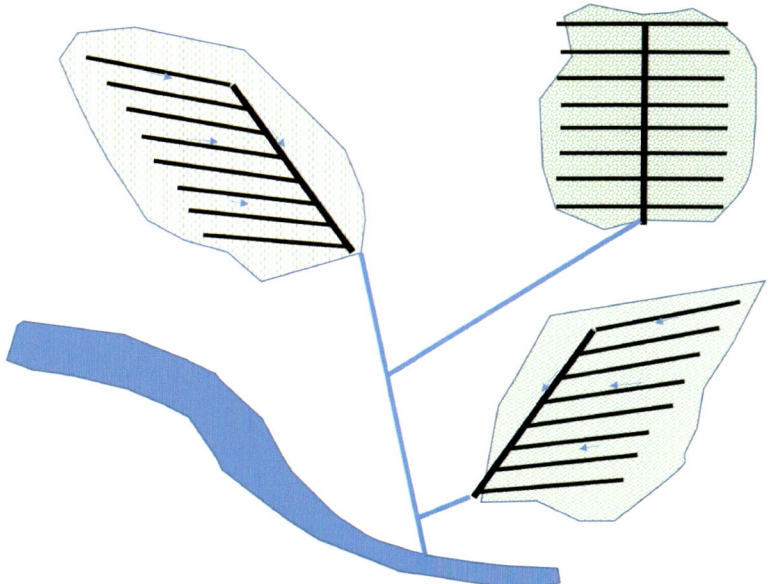

Figura 5-3. Sistema localizado.

5.6. Sistema de drenaje subterráneo

Consiste en obras que se construyen bajo la superficie del suelo, para captar y desalojar excesos de agua derivados de filtraciones o de niveles freáticos elevados.

Pueden ser drenes interceptores colocados perpendicular o transversalmente a las líneas de corriente para recoger los flujos de agua libre y drenes colectores o de desagüe, orientados según las líneas de pendiente para conducir el agua fuera de la parcela. Estos a su vez, pueden desembocar en otros drenes colectores, generalmente superficiales.

Hay cuatro tipos de drenaje subterráneo:

- Zanjas abiertas profundas.
- Zanjas profundas cubiertas con filtros de grava, arena, etc. Pueden contener o no tubos de drenaje.
- Drenes internos cilíndricos o tubulares sin revestimiento: drenes topo.
- Drenes internos cilíndricos revestidos o drenaje entubado, que es el más común en la actualidad.

5.7. Planificación de un sistema de drenaje

En general, como en cualquier proyecto de ingeniería, se deberá preparar una serie de documentación que describa cada detalle del sistema.

El diseño de un sistema de drenaje comprende dos fases principales, el trazado y el diseño de las secciones hidráulicas.

5.7.1. Trazado

El trazado de la red de drenaje, consiste en la elaboración de un plano con la ubicación de cada uno de los drenes primarios y secundarios. Para un mejor funcionamiento hidráulico, es deseable que los canales de desagüe tengan trazado recto y que se eviten en lo posible cambios de dirección. Sin embargo, es mejor mediante canales que sigan la red de drenaje natural, en cuyo caso es necesario construir curvas en cada cambio de dirección. En general, deberán evitarse las curvas muy cerradas, eligiendo curvas suaves a fin de mejorar las características hidráulicas y la estabilidad de las secciones de los canales de desagüe.

Para dicho trazado se tomarán en cuenta según las siguientes especificaciones:

Localización de los drenes. Deberán localizarse preferiblemente sobre cauces naturales, con los acondicionamientos que requieran para darles la capacidad y funcionamiento adecuados, ya que en esta forma se logrará una economía en vías, obras y se evitan afectaciones innecesarias.

Parcelado. El trazado debe facilitar en lo posible un parcelado adecuado, ya que la tenencia de la tierra influye en la densidad de la red básica de drenaje. Así, cuanto mayor sea el tamaño de las parcelas, menor será el número de los mismos y, por lo tanto, la longitud de los canales de desagüe. Para el diseño de curvas se recomiendan las siguientes curvaturas mínimas señaladas en la Tabla 5-1.

Tabla 5-1 Radios mínimos de curvatura (m) en suelos			
Anchura de zanja	Pendiente	Suelos estables	Suelos sin protección
<4,5 m	<0,05	90	19
	De 0,05 a 0,1	122	14
Entre 4,5 y 10,7 m	<0,05	152	11
	De 0,05 a 0,1	183	10
>10,7 m	<0,05	183	10
	De 0,05 a 0,1	244	7

De acuerdo con Palacios (2002), la disposición de los desagües y colectores parcelarios bajo distintas condiciones de pendiente de los terrenos es:

Pendiente mínima. Los desagües y los colectores deben ser perpendiculares, que sus longitudes sean moderadas, con espaciamientos homogéneos y sus pendientes deben ser continuas.

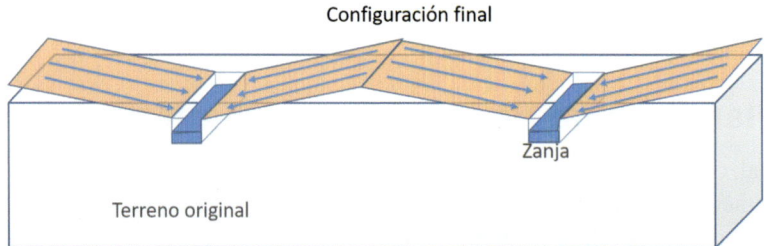

Figura 5-4. Distribución de planos vertientes y desagües en terrenos sin pendiente.

Con pendiente hacia una sola dirección. Se deben ajustar los drenes de modo que las longitudes sean las adecuadas, de tal manera que no se alcancen velocidades que provoquen erosión. Los colectores se colocan perpendiculares a la pendiente, en forma de zanjas que captan las escorrentías.

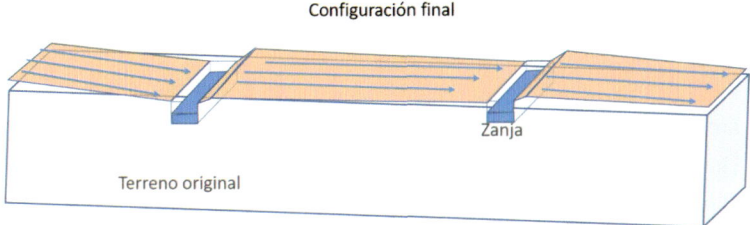

Configuración final

Zanja

Terreno original

Figura 5-5. Distribución de planos vertientes y desagües en terrenos con pendiente.

Definido el sistema de desagüe se debe localizar el sitio de vertido adecuado, generalmente el extremo de un colector, que puede ser una zona baja, donde se recibirán los volúmenes de agua extraídos. Cuando las condiciones topográficas no permiten la salida gravitacional del agua, se precisa una estación de bombeo, con todo lo que esto implica.

Es necesario también definir la ubicación en planta de las zanjas, lo que implica definir su espaciamiento y localización.

Por último, hay que definir la capacidad de conducción y dimensiones de la sección hidráulica de los desagües y colectores de drenaje superficial.

Es muy conveniente planificar las estructuras del sistema de desagüe y entre las principales están los puentes, alcantarillas, caídas, entradas de agua, vados, remates finales, etc.

5.8. Diseño de las secciones hidráulicas

Para el diseño de drenes enterrados se considerará el supuesto de canal de sección circular, lleno hasta la mitad y con la metodología de Manning o cualquier otra válida para canales abiertos. Para el caso de zanjas de drenaje se utilizarán los supuestos de flujo en canales atendiendo a las recomendaciones comunes en obras de drenaje.

Velocidad máxima permisible

Según Luthin (1967), para evitar la erosión en las zanjas abiertas desprovistas de vegetación, antes del diseño se deben conocer las velocidades máximas permisibles. En la Tabla 5-2 se muestran las velocidades máximas permisibles considerando el material en que reposan los canales.

Tabla 5-2 Velocidades máximas permisibles en m/s para diferentes canales	
Material	**Velocidad máxima (m/s)**
Arena fina	0,50
Suelo Franco-arenosos	0,58
Suelo Limoso	0,67
Suelo Franco	0,83
Arcilla no plástica	1,25
Limos aluviales	1,25
Material endurecido (duripan)	2,00

Velocidad mínima permisible

Depende de la sedimentación, crecimiento de plantas acuáticas y control sanitario. La velocidad a la que no se produce sedimentación, depende del material transportado por el agua. En la práctica para asegurar el arrastre de limos, la velocidad debe ser mayor a 0,25 m/s y para arenas, superior a 0,5 m/s. Se puede obtener de la Tabla 5-3 y la velocidad está en función del material de arrastre.

Tabla 5-3 Velocidades (m/s) mínimas en cauces para evitar la sedimentación		
Material	V_τ (m/s)	v_{media} (m/s)
Arcilla	0,08	0,11
Arena fina (2mm)	0,16	0,23
Arena gruesa (5 mm)	0,21	0,30
Grava fina (8 mm)	0,32	0,46
Grava gruesa (25 mm)	0,65	0,93

El crecimiento de plantas acuáticas y de musgos puede disminuir grandemente la capacidad de descarga del canal, por lo que en general, una velocidad media de 0,75 m/s impedirá tal crecimiento, aunque la velocidad media del agua en los canales abiertos debe ser superior a 0,40 m/s. En las zanjas colectoras será difícil mantener estas velocidades mínimas, por lo que será necesario eliminar las plantas acuáticas con mayor frecuencia.

Sección típica

Para la red básica de drenaje se deben utilizar zanjas a cielo abierto de sección trapecial, cuyo nivel de agua esté siempre abajo del terreno, ya que solo en estas condiciones se permitirá la descarga de los drenes superficiales y subterráneos, además del aporte lateral del agua superficial hacia el interior de los mismos.

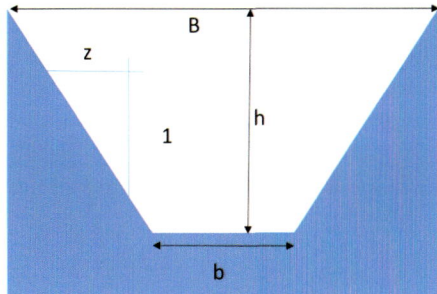

Figura 5-6. Sección típica.

Para lograr lo anterior, toda la sección del canal de drenaje se formará mediante excavación de los canales de drenaje, con una profundidad de 1,2 a 1,8 m, incluyendo un resguardo del 25% de la profundidad de diseño. Se puede sobredimensionar, sobre todo en suelos orgánicos para considerar asentamientos.

La inclinación del talud depende en cada caso particular de varios factores. pero muy particularmente de la clase de terreno donde están alojados. Por ejemplo, en un material rocoso se podrán permitir taludes que tiendan a ser verticales, en cambio en terrenos más arenosos se tendrá que construir con taludes más tendidos, para evitar derrumbes, etc., que elevan los costes de conservación (Tabla 5-4).

Tabla 5-4 Talud (z) para secciones trapeciales de canales de drenaje		
Material	Canales poco profundos	Canales profundos
Roca	0 (vertical)	0,25
Arcilla compacta	0,5	1,0
Limo arcilloso	1,0	1,5
Limo arenoso	1,5	2,0
Arenas	2,0	3,0

Los taludes recomendados para los canales de desagüe se presentan en la Tabla 5-5.

Tabla 5-5 Taludes z para canales de desagüe			
Sección	Profundidad (m)	talud	Talud mínimo
Triangular	0,3 a 0,6	6	3
Triangular	>0,6	4	3
Trapezoidal	0,3 a 0,9	4	2
Trapezoidal	>0,9	1,5	1

Por otro lado, en el diseño del talud deberá preverse el tipo de mantenimiento que debe realizarse, pues ambos están relacionados, como se observa en la Tabla 5-6.

Tabla 5-6 Taludes de los canales de drenaje para varios métodos de mantenimiento			
mantenimiento	talud	mantenimiento	talud
Segadora	3	Arado vertedera	3
Pastoreo	2	Herbicida	-
Dragado	1	Quema	-
Arado cuchillas	3		

La sección se calcula mediante las expresiones típicas del flujo en canales.

5.9. Determinación del caudal de diseño

Para determinar el caudal de diseño se realizarán los siguientes cálculos:

- Tiempo de drenaje (t_d).
- Lluvia de diseño (P_d).
- Escorrentía de diseño (E).
- Caudal de diseño (Q).
- Capacidad de los colectores en las intersecciones.

Algunos de estos cálculos pueden ser realizados con metodologías propias de la hidrología de superficie, pero se ofrece un método aproximado para dar una visión de conjunto del problema.

El tiempo de drenaje del suelo puede ser estimado mediante el uso de las curvas del suelo o mediante recomendaciones empíricas. Se puede calcular como:

$$t_d = t_t - t_{10} \qquad \text{[ec 5-1]}$$

con

t_t = tiempo total de exceso de lluvia
t_{10} = tiempo para que el suelo alcance el 10% de aireación (90% de S)

Tabla 5-7
Tiempo (hr) para que el suelo recupere 8, 10 y 15% de aireación

Textura	t_8	t_{10}	t_{15}
Arena	1,3	2,0	4,1
Arena fina	2,0	3,0	6,9
Franco arenoso	6,3	10,8	29,8
Franco	11,2	20,2	61,3
Franco limoso	19,3	36,7	122,2
Franco arcillo arenoso	10,2	18,4	55,0
Franco arcilloso	9,5	16,9	49,9
Franco arcillo limoso	18,4	34,9	115,4
Franco arcilloso	4,4	7,3	19,0
Arcilloso limoso	16,0	29,9	96,3
Arcilloso	31,9	63,6	230,8

A su vez, el valor de t_t depende del cultivo y se calcula como

$$t_t = C_c \cdot D_p^{0,46} \qquad \text{[ec 5-2]}$$

con:

- C_c, coeficiente que depende del cultivo.
- D_p = daño permisible (%) al cultivo (en general 10%).

Tabla 5-8
Coeficiente de cultivo C_c para el cálculo del tiempo total de exceso de agua t_t

Cultivo	C_c	Cultivo	C_c
Alfalfa	36,25	Girasol	12,26
Algodón	13,93	Soja	33,02
Trébol	54,05	Sorgo	12,51
Cebolla	9,80	Tabaco	5,93
Garbanzo	24,77	Patata	10,32
Judías	3,74	Tomate	8,00
Maíz	12,90	Zanahoria	14,48

Precipitación de diseño (P)

Se utilizarán los conceptos de Precipitación de diseño con un determinado período de retorno (T), de uso común en hidrología superficial.

Escorrentía de diseño (E)

Para la precipitación de diseño se pueden utilizar diferentes métodos, pero el más utilizado es el método del número de curva, que se maneja de forma habitual en hidrología de superficie.

Caudal de diseño (Q)

También puede ser calculado mediante los conceptos usuales en hidrología de superficie, pero para este caso se puede utilizar la Ecuación del Cypress Creek

$$Q = C \cdot \omega^p \qquad \text{[ec 5-3]}$$

Donde:

- C = Coeficiente de drenaje (l/s/ha)
- ω = Área a drenar (ha)
- p = exponente empírico, usualmente 5/6.

La fórmula anterior presenta la ventaja de incorporar el efecto del aumento del área que hay que drenar en el valor final del caudal de diseño.

El Coeficiente C de drenaje se obtiene de una ecuación propuesta por Stephens y Mills (1965):

$$C = 4{,}573 + 1{,}63 \, E_{24} \qquad \text{[ec 5-4]}$$

Donde:

- E_{24} = Escorrentía de diseño para 24 h (cm)
- E_{24} = E.24/t_d
- E = Escorrentía diseño (cm).
- t_d = Tiempo de drenaje (h).

Capacidad de los colectores en las intersecciones

La determinación del gasto que pasará por un dren colector aguas abajo de una intersección, puede realizarse en dos formas:

Sumando las capacidades de los colectores que se unen. Este método da una capacidad mayor que la que se describe en el siguiente inciso, debiendo utilizarse, cuando las áreas drenadas por los colectores son casi iguales. Esto es debido a que los tiempos de concentración serán aproximadamente iguales.

Considerando toda el área de la cuenca aguas arriba de la intersección y utilizar un coeficiente de drenaje ponderado (en caso de que sean diferentes). Este método será utilizado cuando un cauce que drena una pequeña área se une a otro colector de área de aportación mucho mayor. En los casos intermedios se puede utilizar una combinación de ambos métodos.

El *Soil Conservation Service* recomienda el siguiente procedimiento (Regla 20-40).

- **Caso 1** Cuando el área tributaria de uno de los colectores está entre 40 y 50 por ciento del área total, la capacidad del dren aguas abajo de la intersección, se determina sumando las capacidades de ambos colectores antes de la unión.
- **Caso 2** Cuando el área tributaria de un colector es menor al 20 por ciento del área total, la capacidad del colector se obtiene sumando ambas áreas y utilizando un coeficiente de drenaje ponderado (área equivalente), para toda el área.
- **Caso 3** En el caso de que el área drenada por uno de los laterales esté en el rango de 20 a 40 por ciento del área total, el gasto total puede ser obtenido a partir de la descarga menor obtenida por el método (1), al 20% y proporcionado a la descarga mayor obtenida por el método (2) al 40%. De esa forma el cálculo se hace mediante el cómputo de los caudales por ambos casos (1 y 2) y obteniendo la diferencia entre esos dos valores; entonces se hace una interpolación utilizando el valor real del porcentaje del área del lateral en cuestión.

Cálculo de áreas equivalentes (Ae)

Cuando el exceso de agua es extraído en diferentes cantidades en varias partes de una cuenca, es necesario transformar los datos en áreas equivalentes o en caudales equivalentes.

5.10. Espaciamiento entre drenes subterráneos (Fórmula de Hooghoudt)

Existen varias fórmulas empíricas para calcular el espaciamiento entre drenes subterráneos, que dependen del régimen de recarga de las capas freáticas superficiales, ya sea en régimen permanente o no permanente.

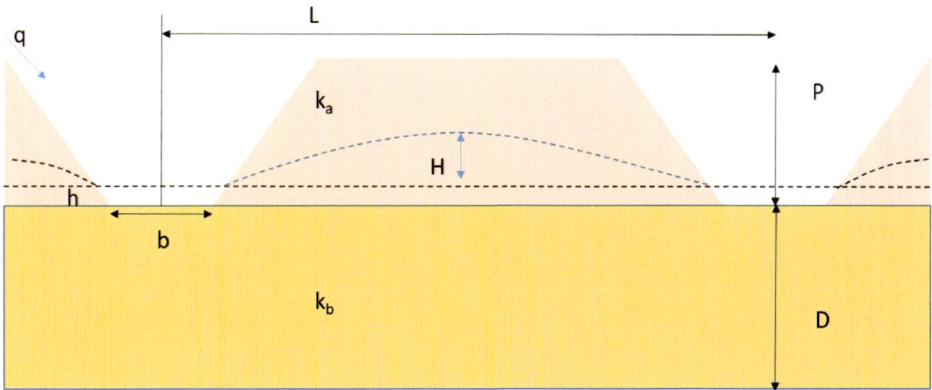

Figura 5-7. Parámetros de un sistema de drenaje.

En zonas lluviosas, en las que existe un equilibrio dinámico debido a que la misma cantidad de agua que entra es la misma que sale, se utilizan los conceptos de régimen permanente, cuya fórmula atribuida a Hooghoudt es la siguiente (Fig. 5-1):

$$L^2 = \left(8k_b D_e \frac{H}{q} \right) + \left(4k_a \frac{H^2}{q} \right)$$ [ec 5-5]

Donde:

- L = Separación entre drenes, (m).
- k_a = Conductividad hidráulica por encima del nivel del dren, (m/día).
- k_b = Conductividad hidráulica por abajo del nivel del dren, (m/día).
- H = Altura del nivel freático del suelo al dren (m).
- D_e = Profundidad equivalente (m).

$$D_e = \frac{D}{((2,55 + D/L_1).\ln(D/P_m)) + 1}$$ [ec 5-6]

q = Coeficiente de drenaje, m/día, que es igual a

$$q = P_d - (1 - \beta)i - ET_p$$ [ec 5-7]

Donde:

- D = Profundidad o distancia desde el fondo del perfil al fondo del dren (m).
- L_1 = Distancia estimada entre drenes (m).
- β = Coeficiente de escorrentía del método racional (adim,).
- P_d = Lluvia de diseño (m/día).
- i = Intensidad de la lluvia (m/día).
- ET_p = Evapotranspiración potencial (m/día).
- p_m = Perímetro de mojado del dren (m).

$$p_m = b + 2h\sqrt{(1 + z^2)}$$ [ec 5-8]

Donde:

- b = Base del canal (m).
- h = Calado de agua (m).
- z = Talud del canal.

La profundidad de los drenes (P) se define en base a la profundidad del sistema radical del cultivo de la parcela que deba drenarse.

La conductividad hidráulica del suelo (k_a y k_b) está relacionada con la textura y estructura del suelo y puede ser obtenida en campo o laboratorio. También puede ser estimada utilizando la Tabla 5-9:

Tabla 5-9 Conductividad hidráulica de algunas clases texturales de suelo	
Textura	k(m/día)
Franco arenosa	3,0
Franca	1,5
Franco limosa	1,2
Franco arcillosa	0,5

La resolución de la ecuación de Hooghoudt, en su expresión más general, requiere de un cálculo iterativo. Inicialmente se asume un valor de (L1) arbitrario para un dren de cierto perímetro mojado (Pm), calculándose a continuación el espesor del estrato equivalente (De) con la ec 5-6. Este valor se introduce en la ec 5-5.

Para determinar el espaciamiento (L), si el valor obtenido se diferencia apreciablemente del valor supuesto, se repite el procedimiento con el nuevo valor encontrado para (L) y así sucesivamente, hasta obtener valores suficientemente cercanos de (L). Tras varios tanteos el valor de (L) calculado debe ser igual al supuesto. Como aplicación de la ecuación de Hooghoudt (1940) se propone el siguiente ejemplo.

▊ EJEMPLO 5-1

Se va a considerar a un suelo con los siguientes datos:

La profundidad del dren (P) es de 1,25 m, la base del dren (B) es de 0,30 m, el calado de agua (h) es de 0,05 m, el Talud del dren (z) es de 0,5, la capa impermeable está situada a 7,0 m de profundidad (P + D). (Por lo tanto, la profundidad o distancia al fondo del dren (D) es de 5,75).

El primer valor que se asigna de distancia entre drenes (L₁) para el proceso iterativo es de 40 m. La altura (H) del nivel freático es de 0,15 m, para la lluvia de diseño (P_D), se utiliza como dato 500 mm/día o 0,5 m/día o 0,021 m/h. El Coeficiente de escorrentía (β), del método racional, seleccionado para este caso es de 0,5. La Intensidad de la lluvia (i) es P_D/24 = 0,021 m/h. La evapotranspiración diaria (ETP) es de 3,76 mm/ día o 0,00376 m/día.

Se procede hacer los cálculos con las Ecuaciones correspondientes y:

Pm = 0,412 m
De = 2,92 m
q = 0,0067
L^2 = 641 m; L = 25,3 m

Si se continua con el proceso asignando un segundo valor a L₁ de 25 m, el segundo valor de L es de 22,3 y así sucesivamente hasta encontrar el valor de L₁ de 21,3 m, que coincide con el de L igual también a 21,3 m.

Para complementar la información, en la Tabla 5-10 se presentan algunos datos de profundidades y espaciamientos de drenes más comunes en suelos no diferenciados.

Tabla 5-10 Profundidades y espaciamientos de drenes más comunes		
Suelo	Espaciamiento (m)	Profundidad (m)
Arcilloso	10-17	1,00-1,15
Arcillo Limosos	13-13	1,00-1,15
Franco Limoso	20-33	1,15-1,30
Franco Arenoso	33-40	1,30-1,50
Arenosos franco	33-67	1,30-1,65
Suelos regados	50-200	1,65-2,65

Otros métodos para calcular los gastos de diseño hidráulico para drenaje en general. En el caso anterior se usó la ecuación de Cypress Creek para el cálculo del gasto en drenes de aguas superficiales, sin embargo, de manera general, la mayoría de los procedimientos para calcular la escorrentía han sido diseñados para estimar las crecidas máximas o avenidas máximas. Entre los métodos se tienen el de envolventes máximas, el racional y el racional modificado:

– *Método de envolventes.* Este método toma en cuenta solo el área de la cuenca. Aunque no son métodos que analicen propiamente la relación entre la lluvia y la escorrentía, pueden ser de gran utilidad en los casos en que se requieran solo estimaciones gruesas de los gastos máximos probables, o bien, cuando se carezca casi por completo de información.
– *Método racional.* Dentro de la importancia de las escorrentías, se considera la estimación de ellos para la planificación de obras de manejo de los recursos hidráulicos y para su aprovechamiento en áreas de riego.

La escorrentía máxima de un área de drenaje es esencial para el diseño de estructuras vertedoras y de almacenamiento, por tal razón es necesario estimarlos, para ello se usan fórmulas empíricas como el método racional, el cual se expresa por la ecuación.

$$Q_s = 0,0028 \cdot \beta \cdot i \cdot \omega \qquad \text{[ec 5-9]}$$

Donde:

- Q_s = Gasto máximo probable de escurrimiento en m³/s.
- β = Coeficiente de escorrentía, que varía de 0,1 a 1, el cual depende de las características de la cuenca (es adimensional).
- i = Intensidad de la lluvia expresada en mm/h.
- ω = Área de la cuenca, en ha.
- 0,0028 = Coeficiente de conversión de unidades, resultante de cambiar mm y hectáreas a m², y horas a segundos.

El Coeficiente de escorrentía es la proporción de lluvia que fluye superficialmente sobre el terreno como escorrentía. Depende, entre otros factores, de la pendiente, del tipo de suelo, de la cubierta vegetal, de la humedad del suelo previa a la lluvia, así como de la intensidad y duración de la lluvia.

– *Método racional modificado.* Los excesos de la precipitación máximos en cuencas pequeñas también pueden ser estimados por el método racional modificado. Este método puede ser utilizado cuando existen datos pluviográficos de una estación cercana.

$$Q = 0,0028 \cdot C \cdot P_d \cdot \omega \qquad \text{[ec 5-10]}$$

Donde:

- Q = Caudal máximo máximo, en m³/s.
- C = Coeficiente de escorrentía, que varía de 0,1 a 1, de acuerdo con las características propias de la cuenca.
- P_d = Lluvia de diseño para un período de retorno dado, en mm.
- ω = Área de la cuenca, en ha.

Tabla 5-11
Valores de C para el cálculo de escurrimientos

Topografía/Vegetación	Textura		
	Gruesa	Media	Fina
Bosque			
Llano (0<S>0,05)	0,10	0,30	0,40
Ondulado (0,06<S<0,10)	0,25	0,35	0,50
Escarpado (0,11<S<0,30)	0,30	0,50	0,60
Pastizal			
Llano (0<S>0,05)	0,10	0,30	0,40
Ondulado (0,06<S<0,10)	0,16	0,36	0,55
Escarpado (0,11<S<0,30)	0,22	0,42	0,60
Cultivo			
Llano (0<S>0,05)	0,30	0,50	0,60
Ondulado (0,06<S<0,10)	0,40	0,60	0,70
Escarpado (0,11<S<0,30)	0,52	0,72	0,82

5.11. Procedimientos para su implementación

Los procedimientos que en la práctica son los más utilizados son:
Para drenes a cielo abierto:

- Trazado.
- Excavación.
- Retiro y acomodo de materiales.
- Construcción de estructuras:

- De protección.
- De aforo.
- De acceso y tránsito.
- Rejillas y registros.

Para drenaje subterráneo:

- Trazado.
- Excavación.
- Colocación de la tubería.
- Colocación de las conexiones de la tubería.
- Enterrado de la tubería y acomodo de materiales.
- Construcción de estructuras:

  - De protección a la tubería.
  - De aforo.
  - Rejillas y registros.

5.12. Bibliografía

Coras, M. P. (2000). Drenaje Superficial.

Hooghoudt, S. B. (1940). Contributions to knowledge of some natural properties of soil. VII. General consideration of the problem of local draining of soil, and of infiltration from parallel running drains and open drain furrows, ditches and drainage channels. Verslagen van Landbouwkundige Onderzoekingen, 515-707.

IMTA, Instituto Mexicano de Tecnología del Agua (1986). "Manual de Drenaje" Dirección General de Irrigación y Drenaje SARH, México.

Luthin, J. N. (1967). Drenaje de tierras agrícolas: teoría y aplicaciones.

McIntyre, K., Jacobsen B., Practical drainage for golf, sports turf and horticulture, Ed, Ann Arbor Press, Chelsea, Michigan (2000).

Palacios V. Oscar (2002). Apuntes de Drenaje Agrícola. Chapingo México, Departamento de Irrigación.

Pizarro, Fernando (1978). Drenaje Agrícola y Recuperación de Suelos Salinos. Editora Agrícola Española S.A. Madrid 521 p.

Soil Conservation Service-Us Department Of Agriculture. (1973). Drainage of Agricultural Land: A Practical Handbook for the Planning, Design, Construction, and Maintenance of Agricultural Drainage Systems/by Officials of the Soil Conservation Service US Department of Agriculture. Water Information Center.

Stephens, J. C., y Mills, W. C. (1965). Using the Cypress Creek Formula to Estimate Runoff Rates in the Southern Coastal Plain and Adjacent Flatwoods Land Resource Areas. ARS 41-95. US Department of Agriculture, Agricultural Research Service, 17.

CAPÍTULO 6
Funciones especiales

6.1. Función de pozo

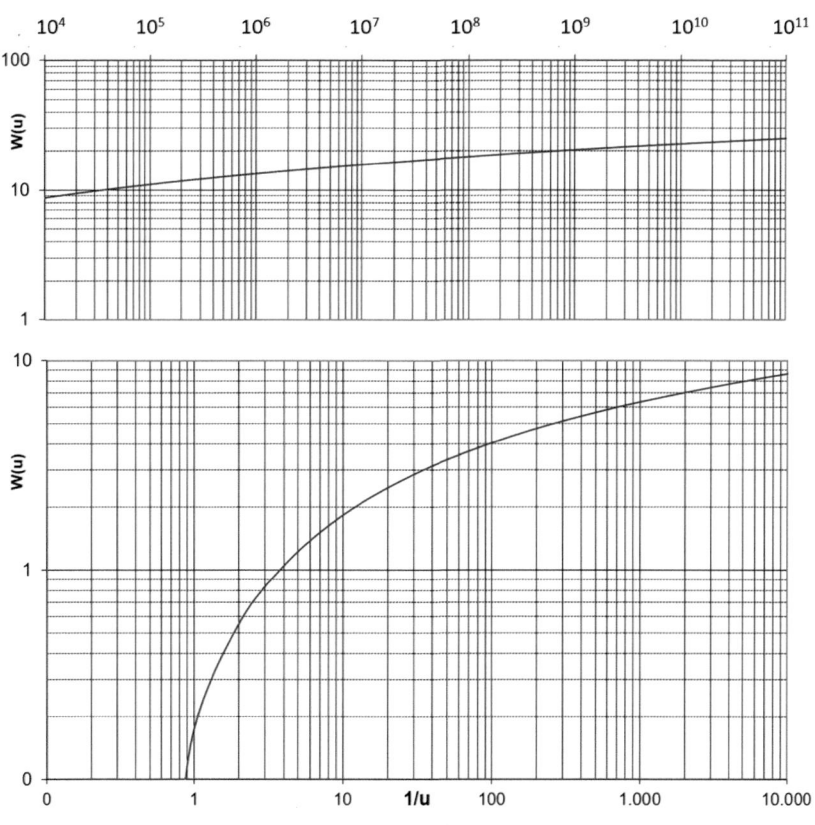

Figura 6-1. Función de pozo.

u	1/u	w(u)	u	1/u	w(u)
	Tabla 6-1 Función de pozo				
2,00	$5,00 \times 10^{-1}$	$4,89 \times 10^{-2}$	$3,81 \times 10^{-6}$	$2,62 \times 10^{5}$	$1,19 \times 10^{1}$
1,00	1,00	$2,19 \times 10^{-1}$	$1,91 \times 10^{-6}$	$5,24 \times 10^{5}$	$1,26 \times 10^{1}$
$5,00 \times 10^{-1}$	2,00	$5,60 \times 10^{-1}$	$9,54 \times 10^{-7}$	$1,05 \times 10^{6}$	$1,33 \times 10^{1}$
$2,50 \times 10^{-1}$	4,00	1,04	$4,77 \times 10^{-7}$	$2,10 \times 10^{6}$	$1,40 \times 10^{1}$
$1,25 \times 10^{-1}$	8,00	1,62	$2,38 \times 10^{-7}$	$4,19 \times 10^{6}$	$1,47 \times 10^{1}$
$6,25 \times 10^{-2}$	$1,60 \times 10^{1}$	2,26	$1,19 \times 10^{-7}$	$8,39 \times 10^{6}$	$1,54 \times 10^{1}$
$3,13 \times 10^{-2}$	$3,20 \times 10^{1}$	2,92	$5,96 \times 10^{-8}$	$1,68 \times 10^{7}$	$1,61 \times 10^{1}$
$1,56 \times 10^{-2}$	$6,40 \times 10^{1}$	3,60	$2,98 \times 10^{-8}$	$3,36 \times 10^{7}$	$1,68 \times 10^{1}$
$7,81 \times 10^{-3}$	$1,28 \times 10^{2}$	4,28	$1,49 \times 10^{-8}$	$6,71 \times 10^{7}$	$1,74 \times 10^{1}$
$3,91 \times 10^{-3}$	$2,56 \times 10^{2}$	4,97	$3,73 \times 10^{-9}$	$2,68 \times 10^{8}$	$1,88 \times 10^{1}$
$1,95 \times 10^{-3}$	$5,12 \times 10^{2}$	5,66	$1,86 \times 10^{-9}$	$5,37 \times 10^{8}$	$1,95 \times 10^{1}$
$9,77 \times 10^{-3}$	$1,02 \times 10^{3}$	6,36	$9,31 \times 10^{-10}$	$1,07 \times 10^{9}$	$2,02 \times 10^{1}$
$4,88 \times 10^{-4}$	$2,05 \times 10^{3}$	7,05	$4,66 \times 10^{-10}$	$2,15 \times 10^{9}$	$2,09 \times 10^{1}$
$2,44 \times 10^{-4}$	$4,10 \times 10^{3}$	7,74	$2,33 \times 10^{-10}$	$4,29 \times 10^{9}$	$2,16 \times 10^{1}$
$1,22 \times 10^{-4}$	$8,19 \times 10^{3}$	8,43	$1,16 \times 10^{-10}$	$8,59 \times 10^{9}$	$2,23 \times 10^{1}$
$6,10 \times 10^{-5}$	$1,64 \times 10^{4}$	9,13	$5,82 \times 10^{-11}$	$1,72 \times 10^{10}$	$2,30 \times 10^{1}$
$3,05 \times 10^{-5}$	$3,28E \times 10^{4}$	9,82	$2,91 \times 10^{-11}$	$3,44 \times 10^{10}$	$2,37 \times 10^{1}1$
$1,53 \times 10^{-5}$	$6,55E \times 10^{4}$	$1,05 \times 10^{1}$	$1,46 \times 10^{-11}$	$6,87 \times 10^{10}$	$2,44 \times 10^{1}$
$7,63 \times 10^{-6}$	$1,31E \times 10^{5}$	$1,12 \times 10^{1}$	$7,28 \times 10^{-12}$	$1,37 \times 10^{11}$	$2,51 \times 10^{1}$

6.2. Función de Dren

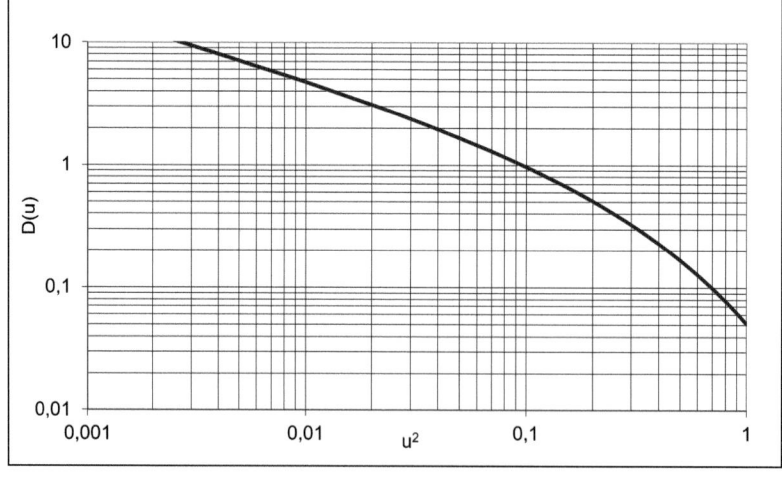

Figura 6-2. Función de Dren.

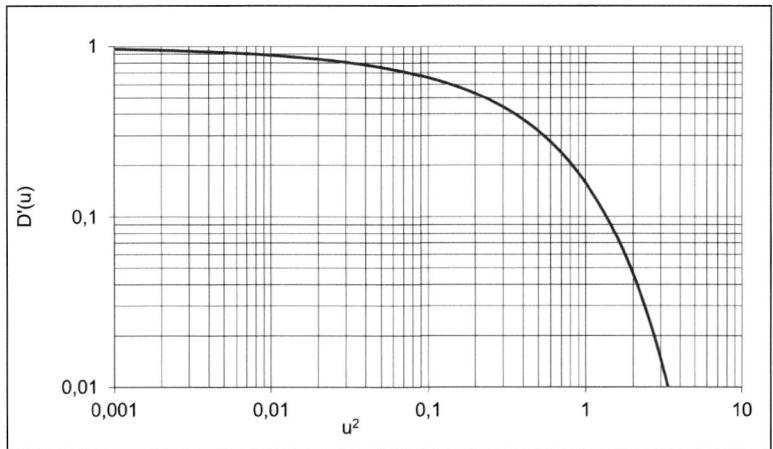

Figura 6-3. Función de Dren a descenso constante.

u	u^2	D(u)	D'(u)	u	u^2	D(u)	D'(u)
0,01	0,0001	55,42462	0,98869	0,60	0,3600	0,25989	0,39614
0,02	0,0004	27,22077	0,97742	0,65	0,4225	0,21091	0,35797
0,03	0,0009	17,82325	0,96615	0,70	0,4900	0,17157	0,32220
0,04	0,0016	13,12731	0,95488	0,75	0,5625	0,13978	0,28884
0,05	0,0025	10,31199	0,94362	0,80	0,6400	0,11397	0,25790
0,06	0,0036	8,43699	0,93237	0,85	0,7225	0,09294	0,22933
0,07	0,0049	7,09932	0,92114	0,90	0,8100	0,07578	0,20309
0,08	0,0064	6,09746	0,90992	0,95	0,9025	0,06174	0,17911
0,09	0,0081	5,31948	0,89872	1,00	1,0000	0,05025	0,15730
0,10	0,0100	4,69822	0,88753	1,10	1,2100	0,03315	0,11979
0,15	0,0225	2,84558	0,83200	1,20	1,4400	0,02171	0,08969
0,20	0,0400	1,93304	0,77730	1,30	1,6900	0,01409	0,06599
0,25	0,0625	1,39636	0,72367	1,40	1,9600	0,00905	0,04771
0,30	0,0900	1,04740	0,67137	1,50	2,2500	0,00575	0,03389
0,35	0,1225	0,80550	0,62062	1,60	2,5600	0,00361	0,02365
0,40	0,1600	0,63032	0,57161	1,70	2,8900	0,00224	0,01621
0,45	0,2025	0,49941	0,52452	1,80	3,2400	0,00137	0,01091
0,50	0,2500	0,39928	0,47950	1,90	3,6100	0,00082	0,00721
0,55	0,3025	0,32136	0,43668	2,00	4,0000	0,00049	0,00468

Tabla 6-2
Función de Dren

CAPÍTULO 7
Tablas estadísticas

7.1. Distribución Normal (0,1)

Tabla 7-1
Probabilidades asociadas a la variable z de la Distribución Normal (0,1)

z	0,00	0,01	0,02	0,03	0,04	0,05	0,06	0,07	0,08	0,09
0,0	0,5000	0,5039	0,5079	0,5119	0,5159	0,5199	0,5239	0,5279	0,5318	0,5358
0,1	0,5398	0,5438	0,5477	0,5517	0,5556	0,5596	0,5635	0,5674	0,5714	0,5753
0,2	0,5792	0,5831	0,5870	0,5909	0,5948	0,5987	0,6025	0,6064	0,6102	0,6140
0,3	0,6179	0,6217	0,6255	0,6293	0,6330	0,6368	0,6405	0,6443	0,6480	0,6517
0,4	0,6554	0,6591	0,6627	0,6664	0,6700	0,6736	0,6772	0,6808	0,6843	0,6879
0,5	0,6914	0,6949	0,6984	0,7019	0,7054	0,7088	0,7122	0,7156	0,7190	0,7224
0,6	0,7257	0,7290	0,7323	0,7356	0,7389	0,7421	0,7453	0,7485	0,7517	0,7549
0,7	0,7580	0,7611	0,7642	0,7673	0,7703	0,7733	0,7763	0,7793	0,7823	0,7852
0,8	0,7881	0,7910	0,7938	0,7967	0,7995	0,8023	0,8051	0,8078	0,8105	0,8132
0,9	0,8159	0,8185	0,8212	0,8238	0,8263	0,8289	0,8314	0,8339	0,8364	0,8389
1,0	0,8413	0,8437	0,8461	0,8484	0,8508	0,8531	0,8554	0,8576	0,8599	0,8621
1,1	0,8643	0,8665	0,8686	0,8707	0,8728	0,8749	0,8769	0,8790	0,8810	0,8829
1,2	0,8849	0,8868	0,8887	0,8906	0,8925	0,8943	0,8961	0,8979	0,8997	0,9014
1,3	0,9032	0,9049	0,9065	0,9082	0,9098	0,9114	0,9130	0,9146	0,9162	0,9177
1,4	0,9192	0,9207	0,9222	0,9236	0,9250	0,9264	0,9278	0,9292	0,9305	0,9318
1,5	0,9331	0,9344	0,9357	0,9369	0,9382	0,9394	0,9406	0,9417	0,9429	0,9440
1,6	0,9452	0,9463	0,9473	0,9484	0,9495	0,9505	0,9515	0,9525	0,9535	0,9544
1,7	0,9554	0,9563	0,9572	0,9581	0,9590	0,9599	0,9608	0,9616	0,9624	0,9632
1,8	0,9640	0,9648	0,9656	0,9663	0,9671	0,9678	0,9685	0,9692	0,9699	0,9706
1,9	0,9712	0,9719	0,9725	0,9732	0,9738	0,9744	0,9750	0,9755	0,9761	0,9767
2,0	0,9772	0,9777	0,9783	0,9788	0,9793	0,9798	0,9803	0,9807	0,9812	0,9816
2,1	0,9821	0,9825	0,9830	0,9834	0,9838	0,9842	0,9846	0,9850	0,9853	0,9857
2,2	0,9861	0,9864	0,9867	0,9871	0,9874	0,9877	0,9880	0,9884	0,9887	0,9889
2,3	0,9892	0,9895	0,9898	0,9901	0,9903	0,9906	0,9908	0,9911	0,9913	0,9915
2,4	0,9918	0,9920	0,9922	0,9924	0,9926	0,9928	0,9930	0,9932	0,9934	0,9936
2,5	0,9937	0,9939	0,9941	0,9943	0,9944	0,9946	0,9947	0,9949	0,9950	0,9952
2,6	0,9953	0,9954	0,9956	0,9957	0,9958	0,9959	0,9960	0,9962	0,9963	0,9964
2,7	0,9965	0,9966	0,9967	0,9968	0,9969	0,9970	0,9971	0,9972	0,9972	0,9973
2,8	0,9974	0,9975	0,9976	0,9976	0,9977	0,9978	0,9978	0,9979	0,9980	0,9980
2,9	0,9981	0,9981	0,9982	0,9983	0,9983	0,9984	0,9984	0,9985	0,9985	0,9986
3,0	0,9986	0,9986	0,9987	0,9987	0,9988	0,9988	0,9988	0,9989	0,9989	0,9990
3,1	0,9990	0,9990	0,9991	0,9991	0,9991	0,9991	0,9992	0,9992	0,9992	0,9992
3,2	0,9993	0,9993	0,9993	0,9993	0,9994	0,9994	0,9994	0,9994	0,9994	0,9995
3,3	0,9995	0,9995	0,9995	0,9995	0,9995	0,9996	0,9996	0,9996	0,9996	0,9996
3,4	0,9996	0,9996	0,9996	0,9997	0,9997	0,9997	0,9997	0,9997	0,9997	0,9997

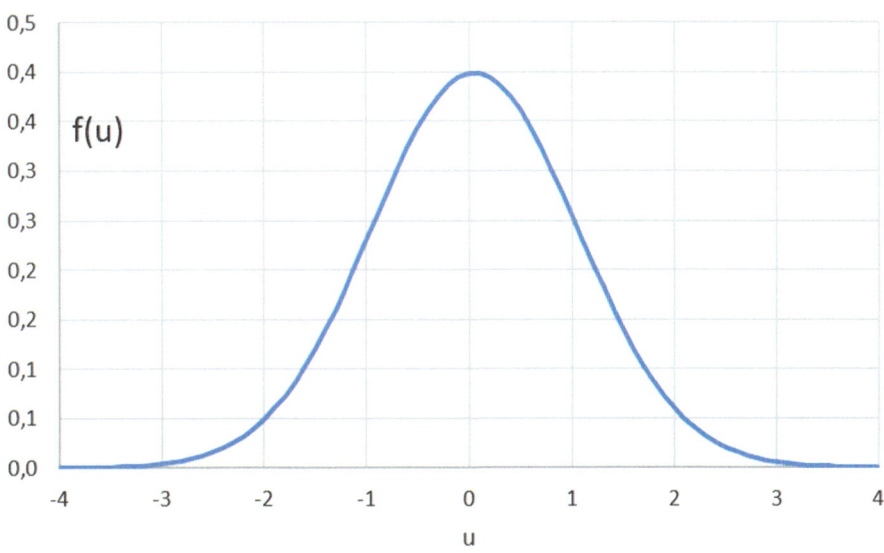

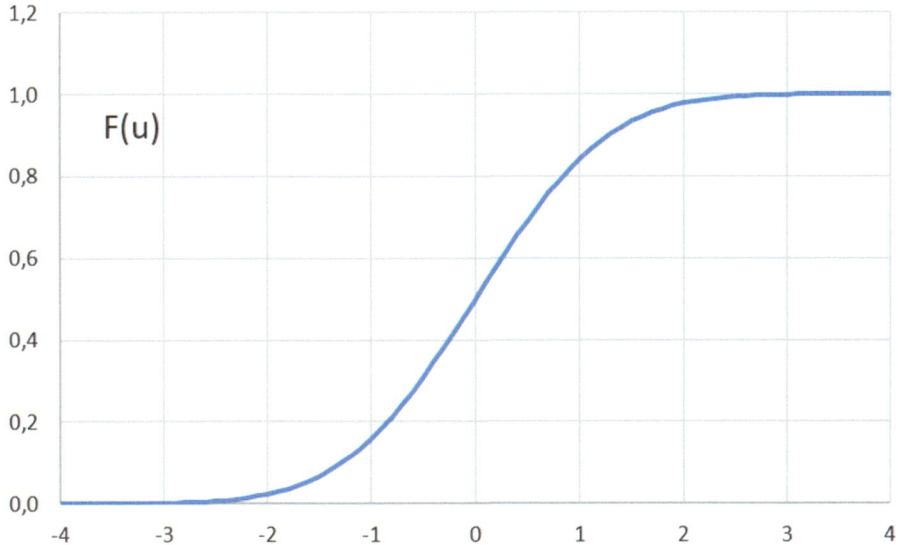

Figura 7-1. Distribución Normal(0,1).

7.2. Distribución de Gumbel

Tabla 7-2
Media de la variable reducida y, para la función de Gumbel

n	0	1	2	3	4	5	6	7	8	9
0		0,366	0,447	0,481	0,501	0,513	0,522	0,528	0,533	0,537
10	0,541	0,543	0,546	0,548	0,549	0,551	0,552	0,554	0,555	0,556
20	0,557	0,557	0,558	0,559	0,559	0,560	0,561	0,561	0,562	0,562
30	0,562	0,563	0,563	0,564	0,564	0,564	0,565	0,565	0,565	0,565
40	0,566	0,566	0,566	0,566	0,566	0,567	0,567	0,567	0,567	0,567
50	0,568	0,568	0,568	0,568	0,568	0,568	0,568	0,569	0,569	0,569
60	0,569	0,569	0,569	0,569	0,569	0,569	0,570	0,570	0,570	0,570
70	0,570	0,570	0,570	0,570	0,570	0,570	0,570	0,570	0,571	0,571
80	0,571	0,571	0,571	0,571	0,571	0,571	0,571	0,571	0,571	0,571
90	0,571	0,571	0,571	0,571	0,571	0,571	0,572	0,572	0,572	0,572
100	0,572	0,572	0,572	0,572	0,572	0,572	0,572	0,572	0,572	0,572
110	0,572	0,572	0,572	0,572	0,572	0,572	0,572	0,572	0,572	0,572

Tabla 7-3
Desviación típica de la variable reducida y, para la función de Gumbel

n	0	1	2	3	4	5	6	7	8	9
0		0,000	0,733	0,886	0,965	1,014	1,049	1,075	1,094	1,110
10	1,124	1,135	1,144	1,152	1,159	1,166	1,171	1,176	1,181	1,185
20	1,189	1,192	1,195	1,198	1,201	1,203	1,206	1,208	1,210	1,212
30	1,214	1,215	1,217	1,219	1,220	1,221	1,223	1,224	1,225	1,226
40	1,227	1,228	1,229	1,230	1,231	1,232	1,233	1,234	1,235	1,235
50	1,236	1,237	1,238	1,238	1,239	1,240	1,240	1,241	1,241	1,242
60	1,242	1,243	1,243	1,244	1,244	1,245	1,245	1,246	1,246	1,246
70	1,247	1,247	1,248	1,248	1,248	1,249	1,249	1,249	1,250	1,250
80	1,250	1,251	1,251	1,251	1,252	1,252	1,252	1,252	1,253	1,253
90	1,253	1,253	1,254	1,254	1,254	1,254	1,255	1,255	1,255	1,255
100	1,256	1,256	1,256	1,256	1,256	1,257	1,257	1,257	1,257	1,257
110	1,258	1,258	1,258	1,258	1,258	1,258	1,259	1,259	1,259	1,259